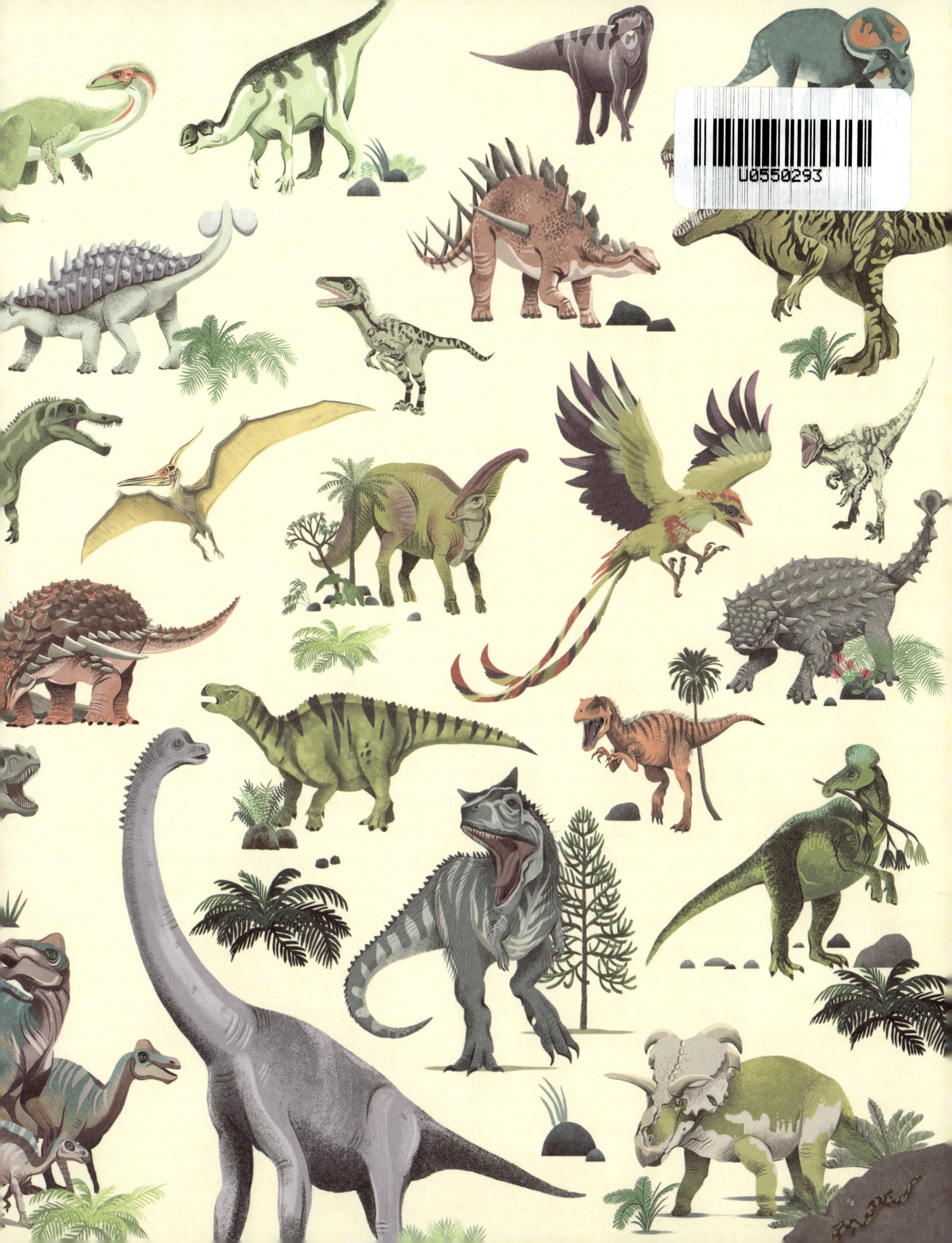

作　者　米蘭達・史密斯
Miranda Smith

長期為兒童和成人撰寫及編輯不同主題的書籍和文章，尤其對自然歷史領域感興趣。有如為之寫作的孩子們一樣，她也喜歡探索和發現新事物。最近，參觀了秘魯的馬丘比丘，並體驗了從飛機向下一躍是什麼樣的感覺。目前正在考慮將這些特別經驗與寫作連結，以及下一步的計畫。

審訂者　曾文宣

臺師大生科系生態演化組碩士，
人稱甩阿老師，是個鱷魚癡。
寫過很多文章、審過很多書，曾獲吳大猷科普著作獎。
期待透過淵源流長的自然史，帶著讀者見證每個時代裡最輝煌展現的生物多樣性，
回頭體認人類的渺小，栽進無限寬廣的時空世界裡徜徉。

譯　者　王　豫

國立政治大學英國語文學系碩士，
中英、中日譯者，多語者（Polyglot）修煉中。
攀登於學術及語言的崇高山嶽，望自己在抵達每座峰頂前，
去努力、去追求、去尋找，並永不屈服。
翻譯、家教、建議歡迎來信：ycxxii0723@gmail.com

一日一恐龍
探索超圖鑑

米蘭達 史密斯 · 著　王豫 · 譯
Miranda Smith

Mike Benton、曾文宣 · 審訂
古脊椎動物學教授　臺灣爬行類動物保育
　　　　　　　　　協會常務理事

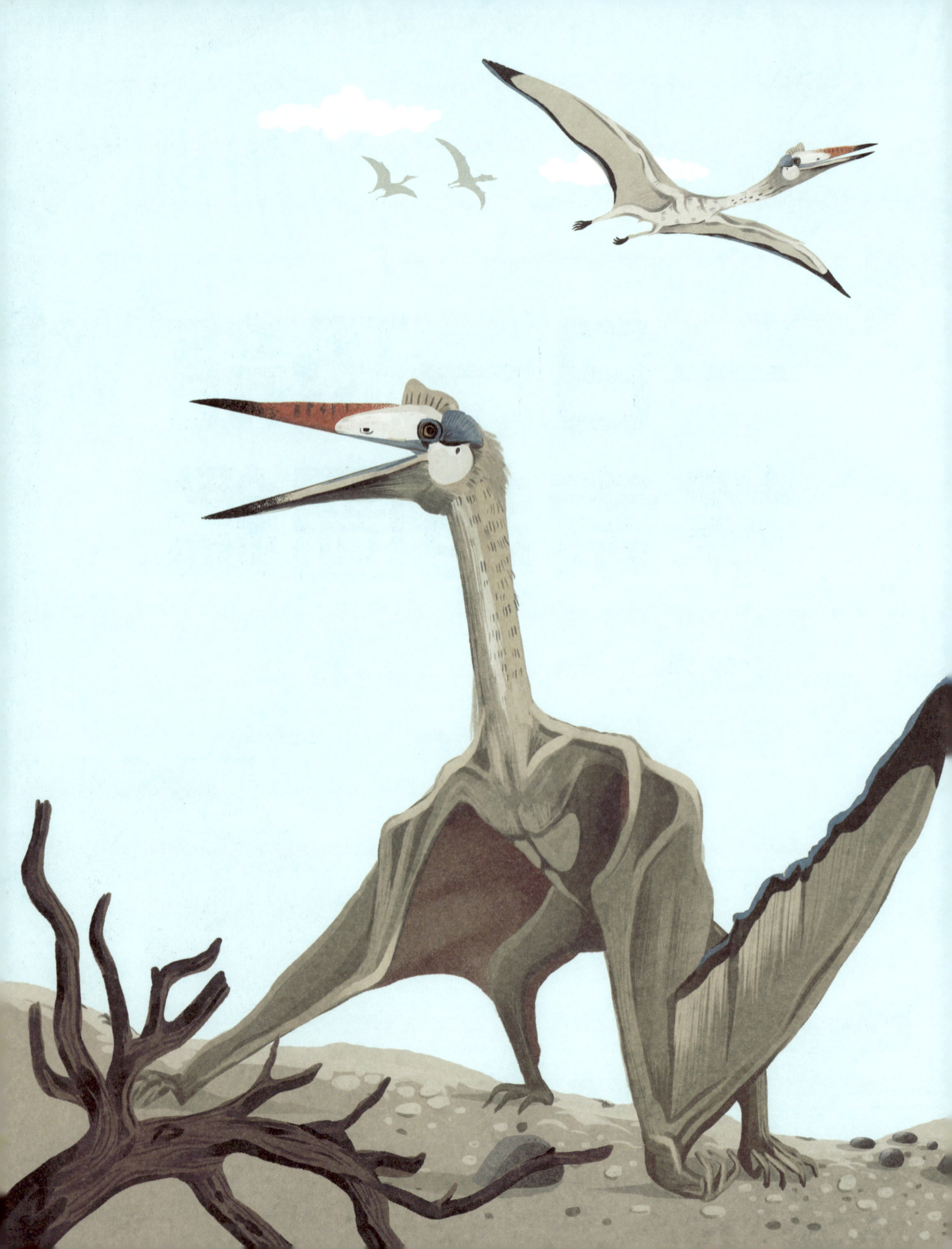

目 錄

歡迎來到恐龍世界　　　　9
恐龍的崛起　　　　　　　10

01 月（January）　　　13
體型較小的恐龍　　　　　18
模仿鳥類的恐龍　　　　　26

02 月（February）　　　29
動作敏捷的恐龍　　　　　34
以蟲為食的恐龍　　　　　40

03 月（March）　　　　45
擁有鴨嘴的恐龍　　　　　48
擁有特殊牙齒的恐龍　　　54

04 月（April）　　　　61
擁有特殊武器的恐龍　　　66
以魚為食的恐龍　　　　　74

05 月（May）　　　　　77
會飛行的中生代爬行動物　82
擁有犄角的恐龍　　　　　88

06 月（June）　　　　　92
體型巨大的恐龍　　　　　96
擁有喙的恐龍　　　　　　102

07 月（July）　　　　　108
以肉為食的恐龍　　　　　114
以海洋維生的
中生代爬行動物　　　　　120

08 月（August）　　　　124
擁有羽毛的恐龍　　　　　130
小型的植食性恐龍　　　　138

09 月（September）　　140
背部擁有骨板的恐龍　　　144
早期的鳥類　　　　　　　152

10 月（October）　　　156
擁有厚頭顱的恐龍　　　　162
有如暴君的恐龍　　　　　172

11 月（November）　　174
和平的植食性恐龍　　　　178
巨型蜥腳類恐龍　　　　　184

12 月（December）　　190
二足掠食者　　　　　　　194

恐龍的終結　　　　　　　208
詞彙表　　　　　　　　　210
索引　　　　　　　　　　212

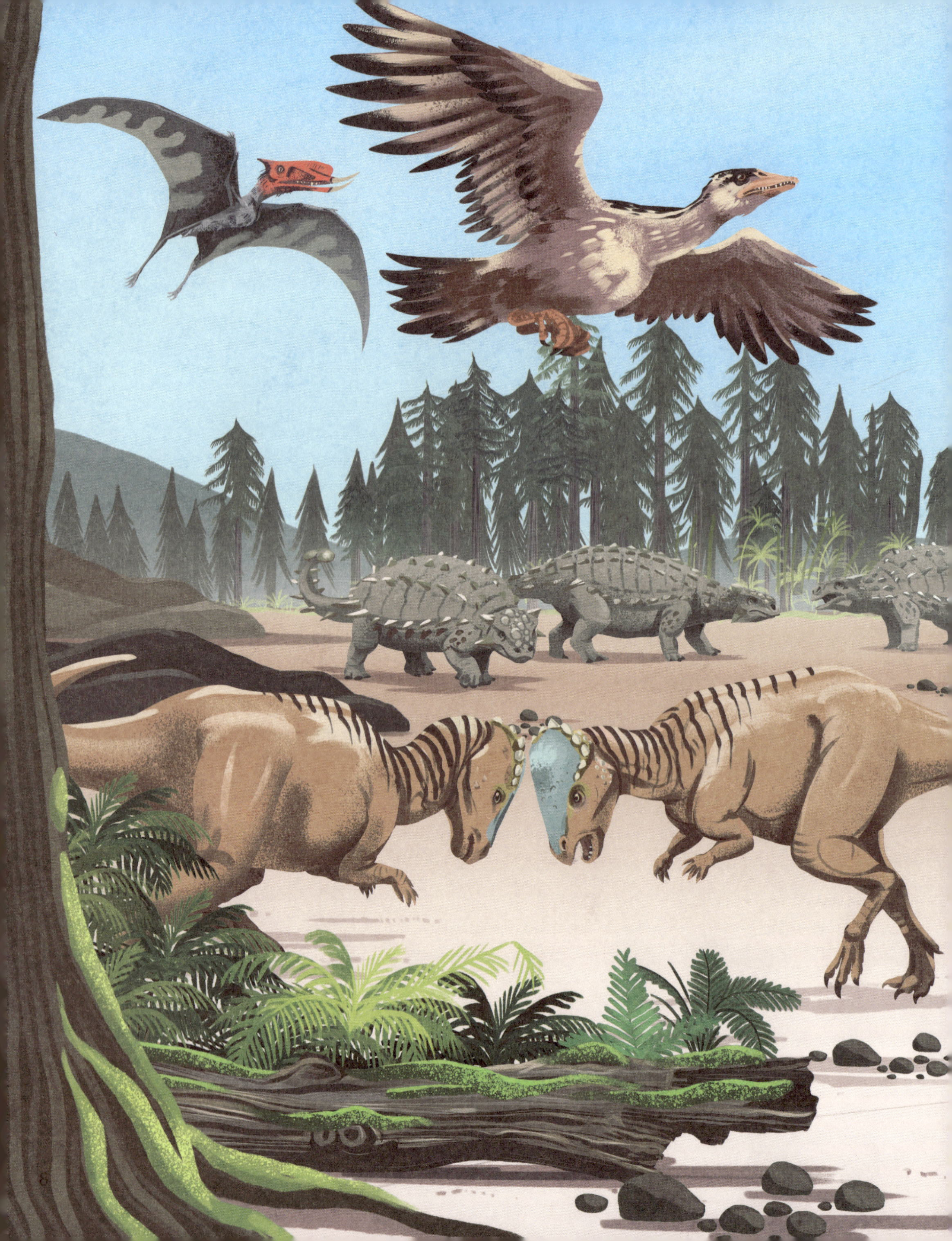

歡迎來到恐龍世界

橫跨1億6千萬年的王朝，有各種的恐龍在地球上漫遊，牠們與一些特殊的水生、飛行和爬行動物共存。這本就是屬於你的「恐龍日曆書」，你可以每天探索一種恐龍，陪你度過一整年。你的生日那天是什麼恐龍呢？在探索本書的其他內容之前，先試著跟你的家人、朋友和老師分享你的生日恐龍吧！

恐龍的崛起

地球上的生命至少始於38億年前。雖然目前仍不清楚它是如何開始的，但許多專家認為是起源於海洋中稱為微生物（microbes）的微小生物，並且約從8億年前開始，那些微生物逐漸演化為簡單動物。大約在3.6億年前發生的嚴寒氣候，被認為導致了第二次的大滅絕事件，使70%的海洋動物慘遭滅絕。當世界再次變暖時，便出現陸地上第一批爬行動物和首次飛行於天空中的動物。

勞亞大陸

岡瓦納古大陸

在三疊紀時期（約2.52-2.01億年前），地球由一個巨大的陸塊，即盤古大陸（Pangaea）組成。南方的陸塊稱為岡瓦納大陸（Gondwana）、與北方的勞亞大陸（Laurasia）相連。在陸地上有著滿是針葉樹和藤蔓的巨大森林，以及乾燥的沙漠和蕨類組成的大片灌叢覆蓋的草原。第一批恐龍是小型的二足動物，在叢林中捕獵小型動物和昆蟲。

三葉蟲首次出現於約5.2億年前寒武紀的海洋中。恐龍首次出現於約2.4億年前的三疊紀時期，並在侏羅紀和白堊紀時期稱霸地球，統治著其他所有動物。

邪靈龍，一種早期恐龍。

我們是如何知道恐龍的呢？

化石是生活在數百萬年前的動植物遺骸。被稱為古生物學家的科學家們則專門研究遠古時代的生命。他們能夠透過在岩石中發現的化石，告訴我們關於恐龍的信息。

有時候恐龍骨骼會被沉積物迅速覆蓋，隨著時間流逝，這些沉積物會被岩石成分給取代。

當岩石被鑿開，骨骼形狀就會被揭露，有時候也會發現肌肉、鱗片或羽毛的形態，或是也有洞穴和足跡等跡化石，顯示出恐龍的活動足跡。透過這些化石中，古生物學家能夠告訴我們這隻恐龍曾經有多大、吃些什麼以及如何死去。

在侏羅紀時期（約2.01-1.45億年前），勞亞大陸和岡瓦納大陸這兩個陸塊開始分離。勞亞大陸向北漂移，岡瓦納大陸則向南漂移。當時的氣候比現在更溫暖，降雨量更多，因此植物蓬勃生長。植食性恐龍（某一些種類是有史以來體型最大的動物）便開始主宰著這片土地。樹林間與空中也開始出現了第一批鳥類。

在白堊紀時期（約1.45-0.66億年前），兩個陸塊再次分裂成現今所知的大部分陸塊。由於海平面較高，因此出現了一些內陸海，例如位於北美洲的西部內陸海道（Western Interior Seaway）。當時的昆蟲和開花植物豐富多樣，哺乳動物的種類增加，此時的恐龍數量比以往任何時候都多，牠們也因棲居不同的大陸，而發展出了不一樣的特徵。

蜥腳類恐龍
——迷惑龍

獸腳類恐龍
——瑪君龍

與恐龍共存

儘管這時候是爬行動物的時代，但並非所有爬行動物都是恐龍。例如魚龍、滄龍等爬行動物會在海洋中游泳，而無齒翼龍、風神翼龍等爬行動物則在空中振翅飛翔。然而，在白堊紀時期，還有一些像棘龍等恐龍能夠游泳，還有少數恐龍，例如小盜龍，可以在樹林間滑翔。

其他動物也共享著這個繁忙的世界裡，牠們需要矯健的身手以躲避危險。在陸地上，有很多小型獵物可供恐龍及牠們的幼龍狩獵，包括匍匐前行的蜥蜴、哺乳動物、甲蟲和昆蟲。有一些恐龍會在淺海或河流中，尋找兩棲動物和魚類，甚至大型的恐龍也會捕食小型恐龍。

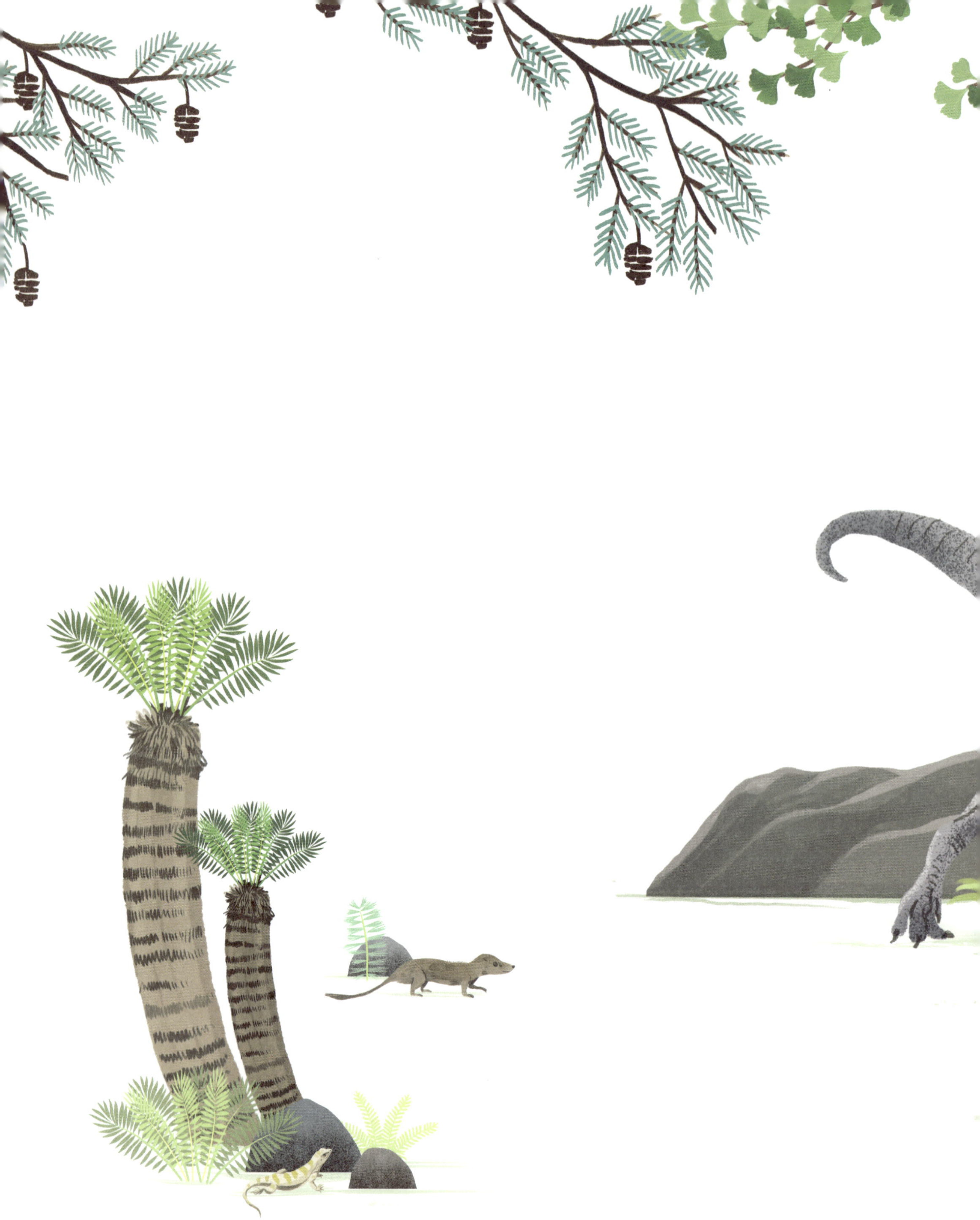

01月ㄩㄝˋ（January）

01/01
始ㄕˇ盜ㄉㄠˋ龍ㄌㄨㄥˊ Eoraptor

最早期的恐龍有些體型相當小，始盜龍就是其中之一。這種肉食動物身體輕盈，骨骼中空，其與骨盆連接的脊椎（稱為薦椎）有數節癒合，使他能夠迅速地靠著兩條腿追逐獵物。始盜龍的名字意涵為「黎明的盜賊」。

時代	晚三疊紀
科屬	早期獸腳類
食性	雜食性
體長	1公尺
體重	10公斤
發現地	阿根廷

01/02
韋ㄨㄟˇ瓦ㄨㄚˇ拉ㄌㄚ龍ㄌㄨㄥˊ Weewarrasaurus

2018年，澳洲閃電嶺（Lightening Ridge）的韋瓦拉蛋白石礦場中，礦工們發現了一個獨特的化石，即為一塊已經化為蛋白石的恐龍下頜骨（蛋白石是一種多彩的寶石）。此種恐龍是植食性動物，名為韋瓦拉龍，是一種只有犬隻大小的二足動物，在白堊紀的氾濫平原中成群移動。

時代	早白堊紀
科屬	鳥腳亞目薄板類
食性	植食性
體長	不足2公尺
體重	20公斤
發現地	澳洲

01/03
傷ㄕㄤ齒ㄔˇ龍ㄌㄨㄥˊ Troodon

傷齒龍是行動敏捷的掠食者，其大眼睛有助於在叢林中或甚至夜間發現小型哺乳動物、青蛙和蜥蜴。牠的手臂可以如鳥類一樣向後折疊，並用兩條長腿行走和奔跑，而且第二腳趾上有利爪，可旋轉用於扣住獵物。

時代	晚白堊紀
科屬	傷齒龍科
食性	肉食性
體長	2公尺
體重	50公斤
發現地	北美洲

01/04
尼日龍 Nigersaurus

這種長頸恐龍生活在現在的撒哈拉沙漠地區,但當時撒哈拉沙漠可是充滿了河系和大量的綠色植被可供食用。尼日龍有相對較小的頭顱,且具有非常寬扁的嘴巴,裡面有一組超過500顆可以更換的牙齒系統。

時代	早白堊紀
科屬	雷巴齊斯龍科
食性	植食性
體長	9公尺
體重	4噸
發現地	非洲

01/05
美扭椎龍 Eustreptospondylus

憑著巨大頭部、大型帶有鋸齒邊緣的牙齒和短臂,這種兇猛的肉食動物在海岸上擔任掠食者和清道夫。在中侏羅紀時期,歐洲還是一系列分散島嶼時,這種恐龍能夠在島嶼之間短距離地游泳。美扭椎龍以較小的恐龍和翼龍,以及海洋爬行動物和其他海洋生物為食。

時代	中侏羅紀
科屬	斑龍科
食性	肉食性
體長	7公尺
體重	500公斤
發現地	歐洲

01/06
巨腳龍 Barapasaurus

迄今發現最古老的蜥腳類恐龍之一，其名稱意為「大腳蜥蜴」。這名字完美地描述了牠，因為其大腿骨如長頸鹿的脖子一樣長！巨腳龍會用帶有鋸齒邊緣的匙型牙齒，從高大樹冠上撕咬下樹葉。

時代	早侏羅紀
科屬	早期蜥腳類
食性	植食性
體長	15公尺
體重	14噸
發現地	亞洲

01/07
蜀龍 Shunosaurus

這種移動緩慢的植食性動物會成群行走，且擁有一條帶有兩對尖刺的棍棒狀尾巴。如果氣龍（參閱p.135）這樣的掠食者靠得太近，蜀龍的尾巴必定會給牠們強而有力的一擊。

時代	中侏羅紀
科屬	早期蜥腳類
食性	植食性
體長	10公尺
體重	1噸
發現地	亞洲

01/08
迷惑龍 Apatosaurus

由於牠們偏好取食低矮的植物，這種恐龍會將鞭狀的尾巴舉離地面來平衡身體前後重量。有如其他蜥腳類恐龍一樣，迷惑龍會吞食小石頭（即胃石），以幫助分解腸胃中堅韌難消化的植物。

時代	侏羅紀晚期
科屬	梁龍科
食性	植食性
體長	23公尺
體重	41噸
發現地	北美洲

01/09
角ㄐㄧㄠˇ鼻ㄅㄧˊ龍ㄌㄨㄥˊ Ceratosaurus

儘管角鼻龍與更大的掠食者如異特龍（參閱 p.115）共享棲息地，但這種恐龍也是一個令人恐懼的存在。其鼻子上有一個大角，以及擁有一排長而彎曲的牙齒，可以刺入植食性恐龍的身體。當角鼻龍閉上嘴巴時，上顎的牙齒會延伸到下顎的水平面以下，這一特點和其寬闊、靈活的尾巴，使人們認為牠們有如鱷魚一般，而且可能會游泳。

時代	晚侏羅紀
科屬	角鼻龍科
食性	肉食動物
體長	6公尺
體重	750公斤
發現地	北美洲、非洲

體型較小的恐龍

對於體型較小的動物來說，這是一個充滿危險的世界。大型肉食性恐龍總是在尋找食物，因此小型恐龍只有透過隱身在叢林中、爬上樹木或靠著雙腳快速奔跑來求生存。

01/10
小盜龍 Microraptor

這種如烏鴉大小的恐龍，是其中一種體型最小的恐龍。小盜龍可以利用四肢上的羽毛，從一棵樹滑翔到另一棵樹上。牠擁有尖銳的牙齒，並且以捕獲小型動物及昆蟲為食。

時代	早白堊紀
科屬	馳龍科
食性	肉食性
體長	70公分
體重	1公斤
發現地	中國

01/11
厄兆龍 Moros

是暴龍家族的小型成員。厄兆龍具有良好的聽覺和視覺，因此行動非常敏捷，能夠追捕獵物並輕鬆逃脫掠食者的魔掌。

時代	晚白堊紀
科屬	暴龍科
食性	肉食性
體長	1.2公尺
體重	80公斤
發現地	北美洲

01/12
美頜龍 Compsognathus

美頜龍身輕如燕、非常靈活，以長而強壯的後腿奔跑，並且擁有三趾的腳。牠的大眼睛能幫助發現獵物或掠食者的動靜。

時代	侏羅紀晚期
科屬	美頜龍科
食性	肉食性
體長	1.4公尺
體重	3公斤
發現地	歐洲

01/13
跳龍 Saltopus

拉丁文名稱「Saltopus」意涵為「跳躍的腳」。跳龍的長下顎配有數十顆銳利的牙齒，非常適合從空中抓取昆蟲。為了使飲食更多樣化，也會捕食蜥蜴、甲蟲和蠍子。

時代	晚三疊紀
科屬	恐龍型類（最接近真實定義之恐龍的類群）
食性	肉食性
體長	1公尺
體重	1公斤
發現地	歐洲

01/14
賴索托龍 Lesothosaurus

這種恐龍擁有大眼睛和強壯的下頜肌肉，可以咬住小動物和較軟嫩的植物。如果有需要的話，能夠靈活敏捷地迅速逃走。

時代	早侏羅紀
科屬	早期鳥臀類
食性	雜食性
體長	2公尺
體重	10公斤
發現地	非洲

01/15
皖南龍 Wannanosaurus

生活在大群體中，能為較小的恐龍提供了一定的保護。與其家族裡的其他成員一樣，這種恐龍也有堅硬且扁平的頭顱，可以用來對抗掠食者。

時代	晚白堊紀
科屬	厚頭龍科
食性	植食性
體長	不到1公尺
體重	4.5公斤
發現地	亞洲

01/16

劍ㄐㄧㄢˋ龍ㄌㄨㄥˊ Stegosaurus

這種裝甲類植食性動物是其家族中最大的成員，但牠只有約如檸檬般大小的腦袋。劍龍的口鼻會貼近地面，以蕨類和木賊等低矮植被為食。當受到威脅時，其威風凜凜的帶刺尾巴可以用來威嚇或傷害掠食者，例如異特龍（參閱p.115）。

時代	晚侏羅紀
科屬	劍龍科
食性	植食性
體長	9公尺
體重	3噸
發現地	北美洲、歐洲

01/17
腕ㄨㄢˋ龍ㄌㄨㄥˊ Brachiosaurus

當劍龍低著頭享用低矮植物時，和平的腕龍會伸長脖子吃樹上的嫩葉。腕龍的頭部也很小，位於長達16公尺的頸部上。腕龍的體重相當重，而且前肢明顯比後肢還要長。

時代	晚侏羅紀
科屬	腕龍科
食性	植食性
體長	23公尺
體重	56噸
發現地	北美洲

01/18
板龍 Plateosaurus

這種植食性恐龍以四足行走,並過著群體生活。牠能夠以後腿站立,以觸碰高樹的葉子,並用其形狀如葉子的牙齒加以咀嚼。板龍的前肢擁有五根趾頭,其中有一個大拇指爪,可以用以挖掘根莖來食用,並在受到威脅時保護自己。

時代	晚三疊紀
科屬	板龍科
食性	植食性
體長	7公尺
體重	900公斤
發現地	歐洲、北美洲

01/19
原角鼻龍 Proceratosaurus

鼻子上的突起物標誌著這個掠食者的獨特性。原角鼻龍可能是最早期的暴龍家族成員,且擁有一副充滿鋒利牙齒的強壯下顎。其異常大的鼻孔有助於在穿梭棲地時,嗅出獵物。

時代	中侏羅紀
科屬	原角鼻龍科
食性	肉食性
體長	3公尺
體重	100公斤
發現地	歐洲

01/20
林木龍 Silvisaurus

這種植食性恐龍的拉丁文名稱是「Silvisaurus」，意思為「林木蜥蜴」，因為牠生活在蓊鬱的森林中。牠會用小而尖銳的牙齒啃食灌木叢，其身上布滿了鎧甲與尖刺，能夠用來保護自己。

時代	中白堊紀
科屬	結節龍科
食性	植食性
體長	4公尺
體重	1噸
發現地	北美洲

01/21
死神龍 Erlikosaurus

儘管這種恐龍屬於獸腳類，但牠屬於一個以植物為食的家族。牠有著無牙的嘴喙，位於上頜前方。還有細長的爪子，可以刮起水生植物和其他植物進食。

時代	中白堊紀
科屬	鎌刀龍科
食性	植食性
體長	6公尺
體重	500公斤
發現地	亞洲

01/22
中國鳥腳龍 Sinornithoides

這種如火雞大小的食蟲性恐龍，會用大前爪挖掘蟻窩。牠的長腿使之成為敏捷的跑者，其優越的速度能用來捕食小動物，同時也可以避開危險。

時代	早白堊紀
科屬	傷齒龍科
食性	肉食性
體長	1.2公尺
體重	5.5公斤
發現地	亞洲

01/23
木ㄇㄨˋ他ㄊㄚ龍ㄌㄨㄥˊ Muttaburrasaurus

這種植食性動物以澳洲的一個城鎮命名。當牠在棲息地上成群行動時，會啃食蘇鐵和針葉植物，而其鼻子上的骨突有助於嗅聞或用於發出警告。木他龍有一個無牙的嘴喙和後方緊密排列的刀片般的牙齒，有助於咀嚼堅硬的植物。

時代	早白堊紀
科屬	凹齒龍形類（科別未定）
食性	植食性
體長	7.5公尺
體重	2.8噸
發現地	澳大利亞、南極洲

01/24
巨盜龍 Gigantoraptor

這種恐龍站立時超過5公尺高,是已知體型最大、具嘴喙的恐龍。因龐大體型使之擁有壓倒性的優勢,少有受掠食者的侵擾並有更多食物來源。巨盜龍沒有牙齒,但有鋒利的爪子,可能會吃掉或食腐牠發現的任何東西,包括動物和植物。

時代	晚白堊紀
科屬	偷蛋龍科
食性	雜食性
體長	8公尺
體重	2噸
發現地	中國

01/25
禽龍 Iguanodon

成群的禽龍在溪流和河流附近享用著青翠的蕨類和木賊。這種恐龍以四腳行走,但也可以用後腿站立,並利用健壯的尾巴保持平衡,以品嚐美味的葉子。禽龍是其家族中最大的成員,大拇指的尖刺可用來保護自己免受掠食性肉食動物的攻擊。在世界大多數的大陸上,都有發現禽龍科家族的遺骸。

時代	早白堊紀
科屬	禽龍科
食性	植食性
體長	10公尺
體重	5噸
發現地	歐洲

模仿鳥類的恐龍

似鳥龍科家族（Ornithomimidae），其名稱意思即為「鳥類模仿者」，外型近似鴕鳥。牠們身型修長、體格輕盈、頭部小且矗立在長頸上，並有著長腿和長尾巴。

01/26
神州龍 Shenzhousaurus

這個家族的早期成員是一種僅下頜有牙齒的敏捷掠食者。在其遺骸中，已發現胃裡有小石頭（即胃石），可以用來磨碎吃進的植物。

時代	早白堊紀
科屬	早期似鳥龍科
食性	雜食性
體長	1.5公尺
體重	25公斤
發現地	亞洲

01/27
似鳥身女妖龍 Harpymimus

似鳥身女妖龍有著纖細、帶著三趾的前肢，和下顎前端的22顆牙齒，使其能夠捕捉植物、昆蟲或小動物並加以吞食。牠體型小巧，需要時行動迅速且靈活。

時代	早白堊紀
科屬	早期似鳥龍科
食性	雜食性
體長	2公尺
體重	125公斤
發現地	亞洲

01/28
似鳥龍 Ornithomimus

似鳥龍是個視力良好且精明能幹的獵人。牠如鳥嘴般的嘴喙裡頭沒有牙齒，所以會將昆蟲和小動物等獵物一口吞下。

時代	晚白堊紀
科屬	似鳥龍科
食性	雜食性
體長	4公尺
體重	170公斤
發現地	北美洲

01/29
似鵝龍 Anserimimus

似鵝龍會利用前肢末端的大爪子挖掘地面和白蟻丘來覓食。其拉丁文名稱「Anserimimus」的含意即是「鵝類模仿者」。

時代	晚白堊紀
科屬	似鳥龍科
食性	雜食性
體長	3公尺
體重	150公斤
發現地	亞洲

01/30
似雞龍 Gallimimus

這種大型的似鳥龍種類一身輕量化，能夠快速穿越開闊、乾旱的平原，以躲過掠食者攻擊。牠會捕食蜥蜴、蛇和哺乳動物，同時也會用前肢挖掘昆蟲。

時代	晚白堊紀
科屬	似鳥龍科
食性	雜食性
體長	6公尺
體重	400公斤
發現地	亞洲

01/31
似鴕龍 Struthiomimus

拉丁文名稱「Struthiomimus」的含意即是「鴕鳥模仿者」。牠的前肢和指爪比家族中的其他成員更長，可能有助於抓取昆蟲、爬行動物或植物，也能以高達時速70公里的速度奔跑。

時代	晚白堊紀
科屬	似鳥龍科
食性	雜食性
體長	4.5公尺
體重	150公斤
發現地	北美洲

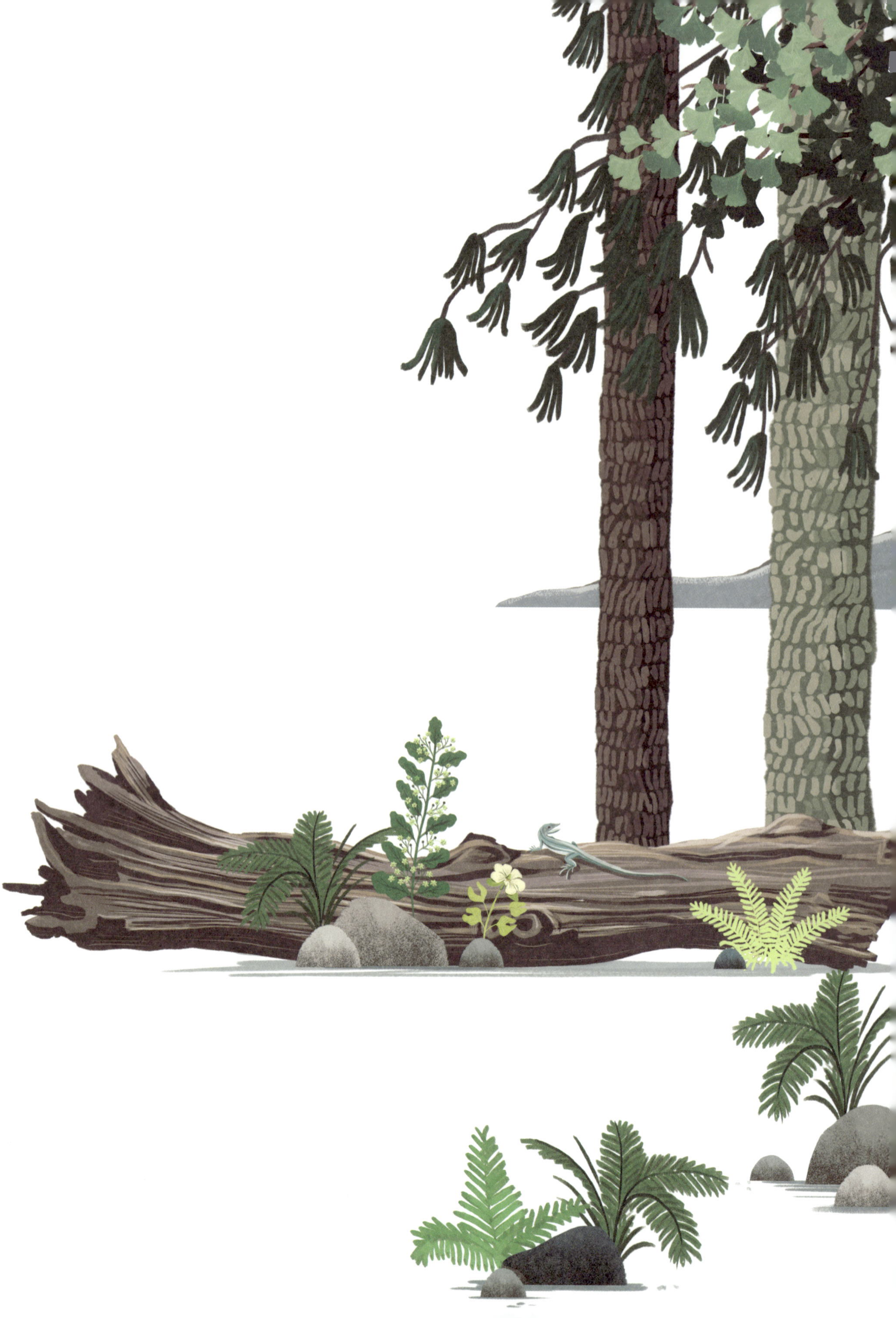

02月ㄩㄝˋ（February）

02/01
異ㄧˋ角ㄐㄧㄠˇ龍ㄌㄨㄥˊ Xenoceratops

雙眼上方各有一根長角，而且大大的頭盾上有著巨大尖刺，所以其拉丁文名稱「Xenoceratops」的意思即為「外星角面」。頭盾能保護牠們免受肉食性動物的攻擊。這種和平的植食性動物會成群結隊，以嘴喙扯下堅韌葉子為食，並用多排的後方牙齒磨碎。

時代	晚白堊紀
科屬	角龍科
食性	植食性
體長	6公尺
體重	2噸
發現地	北美洲

29

02/02
尼亞薩龍 Nyasasaurus

有些專家指稱,這種僅大型犬體型的恐龍可能是迄今為止發現最古老的恐龍,或是最接近恐龍的爬行類動物。牠有著一條非常長的尾巴,甚至長度超過了體長的一半。尼亞薩龍倚靠兩條腿移動,並會把頭伸入叢林中尋找獵物。

時代	中三疊紀
科屬	恐龍型類
食性	肉食性
體長	3公尺
體重	60公斤
發現地	非洲

02/03
豪勇龍 Ouranosaurus

壯觀的背帆是由脊椎骨上方的突起、並覆蓋上皮膚而組成。可用來吸引配偶或是威嚇競爭對手時使用。豪勇龍在覓食時以四足行走,並以葉子、果實和種子等為食,但在逃避掠食者時,可以用兩條腿奔跑。

時代	早白堊紀
科屬	鴨嘴龍超科
食性	植食性
體長	7公尺
體重	4噸
發現地	非洲

02/04
米拉加亞龍 Miragaia

大多數劍龍類恐龍主要以地面附近的低矮灌木為食，但米拉加亞龍卻有長頸，頸椎數量也比其他劍龍還多，使之能伸長到樹梢，吃到高樹上的葉子。其尾部的四根長刺可以對掠食者造成嚴重的傷害。

時代	晚侏羅紀
科屬	劍龍科
食性	植食性
體長	6公尺
體重	2.2噸
發現地	歐洲

02/05
氣肩盜龍 Pneumatoraptor

其拉丁文名稱「Pneumatoraptor」的意思即為「空氣竊賊」。牠不能飛行，但骨骼中的許多氣腔使之非常輕巧。儘管有諸多鳥類特徵，但其實是一種兇猛活躍的掠食者，會追逐小動物和蜥蜴，還可能會取食棲息地內其他大型獸腳類恐龍吃剩的殘餘肉塊。

時代	晚白堊紀
科屬	馳龍科
食性	肉食性
體長	80公分
體重	10公斤
發現地	歐洲

02/06
恐手龍 Deinocheirus

這種獨樹一幟的駝背恐龍，生來便是以體格作為特點。像馬一般的狹長口吻部卻沒有牙齒，會用來攪動溪流和湖泊底部的軟植物或魚類，而這些植物或魚類會被牠整個吞下，再被胃裡的細小石粒（即胃石）磨碎。其長爪可以用來拉下樹枝或在陸地上挖掘食物。

時代	晚白堊紀
科屬	恐手龍科
食性	雜食性
體長	12公尺
體重	7噸
發現地	亞洲

02/07
澳洲龍 Austrosaurus

泰坦巨龍類包含了一些有史以來最大的陸地動物。這種長頸恐龍是家族中最小的恐龍之一,但牠能夠在濕涼氣候中所生長的高聳針葉樹上,拉下樹葉和樹枝。

時代	早白堊紀
科屬	泰坦巨龍科
食性	植食性
體長	15公尺
體重	14.5噸
發現地	澳洲

02/08
高棘龍 Acrocanthosaurus

這種大型食肉動物以獵殺大型植食性恐龍而聞名,其強壯的後腿有助於追逐獵物。作為家族中最大的成員之一,牠擁有巨大的頭部、鋒利的牙齒和長而纖細的尾巴,在奔跑時可用來保持平衡。

時代	早白堊紀
科屬	鯊齒龍科
食性	肉食性
體長	11.5公尺
體重	5.5噸
發現地	北美洲

*審註:高棘龍其脊椎有較高的神經棘突起,因而得名,特性上與豪勇龍(參閱p.30)相同。

動作敏捷的恐龍

憑著先天的優勢,這些恐龍們以兩條腿快速移動來捕捉狂奔的獵物們。除此之外,一些較小的肉食動物也需要敏捷的速度來逃脫兇猛的掠食者。

02/09
昆卡獵龍 Concavenator

擁有如短跑選手的大長腿和小腳掌,昆卡獵龍可以快速地穿越堅實且乾燥的地面。牠們最喜歡捕食早期哺乳動物,但也喜歡捕捉小型恐龍和鱷魚。

時代	早白堊紀
科屬	鯊齒龍科
食性	肉食性
體長	6公尺
體重	1.5噸
發現地	歐洲

02/10
三角洲奔龍 Deltadromeus

一雙修長苗條的後腿,這種敏捷的掠食者能像靈緹犬一樣快速奔跑。三角洲奔龍需要這樣的速度來捕捉較小的獵物,同時也要逃避像棘龍這樣的大型肉食動物。

時代	晚白堊紀
科屬	西北阿根廷龍科
食性	肉食性
體長	8公尺
體重	1.5噸
發現地	非洲

02/11
中華麗羽龍 Sinocalliopteryx

強大的後腿能夠讓牠快速地追逐蜥蜴和哺乳動物,也幫助牠跳躍以抓取空中飛行的爬行動物。

時代	早白堊紀
科屬	美頜龍科
食性	肉食性
體長	2.3公尺
體重	20公斤
發現地	亞洲

02/12
亞伯達奔龍 Albertadromeus

是棲息地中最小的植食性動物，這種體型如火雞大小的恐龍需要有敏捷身手，因為許多同樣環境裡棲息的肉食恐龍都喜歡以牠為食。

時代	晚白堊紀
科屬	奇異龍科
食性	植食性
體長	1.6公尺
體重	16公斤
發現地	北美洲

02/13
班比盜龍 Bambiraptor

這隻像鳥一般的恐龍是位靈敏而兇猛的獵手，專門捕獵小型哺乳動物和爬行動物。牠們擁有非常銳利的牙齒，而且雙腳都有致命、碩大的第二趾爪。

時代	晚白堊紀
科屬	馳龍科
食性	肉食性
體長	1公尺
體重	3公斤
發現地	北美洲

02/14
蛇髮女怪龍 Gorgosaurus

與霸王龍（參閱p.111）有著近親關係，這種肉食動物有著巨大的下顎和龐大的頭顱。牠們的速度在暴龍科之中名列前茅，在年幼時還能跑得更快。

時代	晚白堊紀
科屬	暴龍科
食性	肉食性
體長	9公尺
體重	2.5噸
發現地	北美洲

02/15
北方盾龍 Borealopelta

這種身負裝甲的恐龍，體型大小如同一輛坦克，而且擁有可怕的尖刺。其皮膚顏色有助於藏匿在森林的樹木群中，深棕色的上半身和顏色較淡的下半身可以與林下的陰影融為一體。北方盾龍主要以樹葉為食，但也吃木頭和木炭，不過牠卻是包括高棘龍（參閱p.33）在內等兇猛掠食動物的盤中飧。

時代	早白堊紀
科屬	結節龍科
食性	植食性
體長	5.5公尺
體重	1.4噸
發現地	北美洲

37

02/16
艾ㄞˇ沃ㄨㄛˋ克ㄎㄜˋ龍ㄌㄨㄥˊ Alwalkeria

這是一種小型的二足行動恐龍，用後腿快速奔跑，並利用尾巴保持平衡。艾沃克龍生活在古老的湖泊周圍，因此有許多機會捕獵各種獵物。人們認為這種非常古老的恐龍以昆蟲、小型動物和軟植物為食。牠的前方牙齒又細又直，而其他牙齒則向後彎曲，有利於食肉。這樣的奇特組合，與始盜龍等早期恐龍相似。

時代	晚三疊紀
科屬	恐龍總目早期種類
食性	雜食性
體長	1.5公尺
體重	2公斤
發現地	亞洲

02/17
天ㄊㄧㄢ青ㄑㄧㄥ石ㄕˊ龍ㄌㄨㄥˊ Nomingia

這種恐龍無法飛行，但卻擁有許多類似鳥類的特徵。天青石龍的尾巴末端有著扇狀結構，可用於吸引配偶，非常像現今的孔雀。這是第一種發現帶有尾綜骨*的恐龍，由五節癒合的尾椎組成，並以支撐尾巴末端的扇狀結構。其羽毛豐盈的身體、長長的腿和有爪的前肢，使牠的形象獨樹一格。

時代	晚白堊紀
科屬	偷蛋龍科
食性	雜食性
體長	1.7公尺
體重	21公斤
發現地	亞洲

*審註：數節尾椎癒合成一塊長楔形的結構。

02/18
極ㄐㄧ鱷ㄜˋ龍ㄌㄨㄥˊ Aristosuchus

其拉丁文名稱「Aristosuchus」的意思即為「勇敢的鱷魚」。這種獸腳類恐龍實際上是一種帶有鳥類特徵的恐龍，具有中空骨骼、修長後肢和三根趾頭的後腳。牠是歐洲西部林地裡的敏捷掠食者，獵物包括青蛙、昆蟲、小型哺乳動物、蜥蜴和早期的鳥類，並且會以滿口如尖針般的牙齒一口咬下。

時代	早白堊紀
科屬	美頜龍科
食性	肉食性
體長	2公尺
體重	30公斤
發現地	歐洲

02/19
惡ㄜˋ魔ㄇㄛˊ角ㄐㄧㄠˇ龍ㄌㄨㄥˊ Diabloceratops

頭盾上擁有兩根驚人的大彎角和其他數根小角，這個「惡魔般的角面」足以嚇退大多數掠食者。從喙的尖端到頭盾背部的距離可達一公尺！其深厚的口吻部有助於鎖定想吃的植物，並在群體中移動時使用嘴喙割下枝葉進食。

時代	晚白堊紀
科屬	角龍科
食性	植食性
體長	5.5公尺
體重	1.8噸
發現地	北美洲

以蟲為食的恐龍

這些食蟲性動物通常具有專門的爪子,用來挖掘地下或藏在隱密處(如倒下的樹木)的獵物。這類動物的體型較小,因此牠們需要良好的視力和快速的反應來捕捉昆蟲。

02/20
臨河爪龍 Linhenykus

這種以昆蟲為食的動物生活在現今蒙古的沙漠地區。臨河爪龍會利用每隻前肢上僅存的那一根單爪手指,挖掘白蟻巢和螞蟻窩,尋找美味的點心。

時代	晚白堊紀
科屬	阿瓦拉慈龍科
食性	肉食性
體長	90公分
體重	2公斤
發現地	亞洲

02/21
大黑天神龍 Mahakala

這個擁有短臂的小型二足恐龍是早期的馳龍科成員之一。與牠的近親一樣,雙腳的第二趾都有一根鐮刀狀的爪子,可以用來制服昆蟲和小動物等獵物。

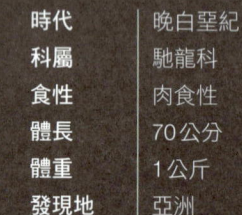

時代	晚白堊紀
科屬	馳龍科
食性	肉食性
體長	70公分
體重	1公斤
發現地	亞洲

02/22
亞伯達爪龍 Albertonykus

這種以昆蟲為食的恐龍,其體型相當於雞隻大小,牠有著短小的前肢,非常適合挖掘。亞伯達爪龍以白蟻和其他生活在腐爛木頭中的昆蟲為食。

時代	晚白堊紀
科屬	阿瓦拉慈龍科
食性	肉食性
體長	70公分
體重	5公斤
發現地	北美洲

02/23
單爪龍 Mononykus

其拉丁文名稱「Mononykus」含意為「單個爪子」。牠們在夜間活動，其大眼睛有助於發現獵物並避開捕食者。除了昆蟲之外，牠們還會捕捉蜥蜴和小型哺乳動物。

時代	晚白堊紀
科屬	阿瓦拉慈龍科
食性	肉食性
體長	1公尺
體重	3.5公斤
發現地	亞洲

02/24
阿瓦拉慈龍 Alvarezsaurus

如同本科的其他種類，阿瓦拉慈龍的前肢僅有第一趾有碩大的爪子，可以用來挖掘昆蟲，並用嘴巴前端的小牙齒捉住獵物。阿瓦拉慈龍有著長腿，推測是個善於奔跑的跑者。

時代	晚白堊紀
科屬	阿瓦拉慈龍科
食性	肉食性
體長	2公尺
體重	3公斤
發現地	南美洲

02/25
侏羅獵龍 Juravenator

除了昆蟲外，這種小型的獸腳類恐龍還可能以魚和蜥蜴為食。牠有著大眼睛，因此可以在黃昏或夜晚時，於淺淺的潟湖和海岸附近狩獵。

時代	晚侏儸紀
科屬	美頜龍科
食性	肉食性
體長	75公分
體重	500公克
發現地	歐洲

02/26
安ㄢ祖ㄗㄨˇ龍ㄌㄨㄥˊ Anzu

這種大型獸腳類恐龍看起來非常像鴕鳥。由於在北美的地獄溪（Hell Creek）地層中發現了3個安祖龍的骸骨，因此又有「來自地獄的雞（chicken from hell）」的綽號。牠們生活在當時潮濕的氾濫平原上，並用大而銳利的爪子捕食小動物，但也會吃柔軟的植物。

時代	晚白堊紀
科屬	近頜龍科（屬於偷蛋龍類）
食性	雜食性
體長	3公尺
體重	225公斤
發現地	北美洲

02/27
神ㄕㄣˊ威ㄨㄟ龍ㄌㄨㄥˊ Kamuysaurus

如同家族的其他種類一樣會成群活動，並以四足行走的方式吃著低矮灌木和其他植物。在面對捕食者的威脅時，牠能夠利用後腿奔跑，並用尾巴保持平衡。神威龍的口吻前端有著無齒的尖喙，後方含有數百顆緊密排列的小牙齒，能用來磨碎在生長於海岸附近的堅韌植被。

時代	晚白堊紀
科屬	鴨嘴龍科
食性	植食性
體長	8公尺
體重	5.5噸
發現地	亞洲

02/28
雷利諾龍 Leaellynasaura

這種小型植食性恐龍擁有一條令人詫異的長尾巴，有著超過70節的椎骨，佔身長約75%。牠會將尾巴纏繞在身上，有助在寒冷天氣中保持溫暖。雷利諾龍有著大大的頭腦和雙眼，能幫助牠在昏暗的環境中尋找方向。

時代	中侏羅紀
科屬	鳥腳亞目薄板類
食性	植食性
體長	2公尺
體重	8公斤
發現地	澳洲

02/29
足龍 Kol

足龍可能是阿瓦拉慈龍科這一群獨特的帶羽恐龍中，最大型的物種。這類恐龍的前肢指頭數量較少，且擁有巨大的第一趾爪，可以用來挖出腐爛樹幹中的白蟻和其他昆蟲。除此之外，也以捕獵蜥蜴和小型哺乳動物為食。

時代	晚白堊紀
科屬	阿瓦拉慈龍科
食性	肉食性
體長	2.3公尺
體重	20公斤
發現地	亞洲

43

44

03 月 ㄩㄝˋ （ March ）

03/01
微ㄨㄟˊ腫ㄓㄨㄥˇ頭ㄊㄡˊ龍ㄌㄨㄥˊ Micropachycephalosaurus

牠是最小的恐龍之一，卻有著最長的拉丁文學名稱，其意思是「小而厚頭的蜥蜴」！儘管像家族中的其他成員一樣擁有堅硬的頭顱骨，但牠最好的禦敵方式是雙腿盡力奔跑以遠離掠食者。

時代	晚白堊紀
科屬	厚頭龍科（未定）
食性	植食性
體長	1公尺
體重	4.5公斤
發現地	亞洲

45

03/02
門齒龍 Incisivosaurus

這種早期如火雞般大小的偷蛋龍經常被暱稱為「兔寶寶龍」。門齒龍具有羽毛且外貌如鳥，吻部前方有一對大而扁平的牙齒，非常像兔子用來切斷植物的牙齒。牠主要以植物維生，但也以小動物和恐龍蛋為食。

時代	早白堊紀
科屬	偷蛋龍科
食性	雜食性
體長	1公尺
體重	6公斤
發現地	亞洲

03/03
天宇龍 Tianyulong

這種恐龍的體型約等同於貓，且有著一條又長又毛茸茸的尾巴。天宇龍以兩條腿行走，並尋找植物和昆蟲作為食物。牠們身上覆有羽毛，這在鳥臀目恐龍中不常見。

時代	早白堊紀
科屬	畸齒龍科
食性	雜食性
體長	70公分
體重	4公斤
發現地	亞洲

03/04
拉佩托龍 Rapetosaurus

這種高大的泰坦巨龍擁有像大象般巨大身體，以及非常長的脖子。這讓牠可以伸長頸部，達到樹的高處，並用如鉛筆般的小牙齒割斷樹葉。拉佩托龍是其家族中最後的幾個代表之一，但在外觀上與其他成員略有不同，其長長的頭顱和位於頭頂的鼻孔像極了梁龍（參閱p.55），但後者屬於另一個家族。

時代	晚白堊紀
科屬	泰坦巨龍科
食性	植食性
體長	15公尺
體重	13噸
發現地	非洲馬達加斯加

擁有鴨嘴的恐龍

鴨嘴龍科因其扁平、細長的口吻部而得名，嘴巴末端是沒有牙齒的嘴喙。這些溫和的鴨嘴龍是恐龍世界的綿羊，大多利用中空的冠狀結構發出警告聲，以警示群體即將面臨的危險。

03/05
青島龍 Tsintaosaurus

長在頭顱上方的長角狀冠，使這種恐龍有了「鴨面獨角獸」的稱號。牠很可能成為暴龍家族的獵物。

時代	晚白堊紀
科屬	鴨嘴龍科
食性	植食性
體長	8.3公尺
體重	2.7噸
發現地	亞洲

03/06
副櫛龍 Parasaurolophus

副櫛龍的冠狀突從頭部向後彎曲，內部有從鼻孔延伸而來的中空管道，因此牠能夠發出響亮的喇叭聲。

時代	晚白堊紀
科屬	鴨嘴龍科
食性	植食性
體長	11公尺
體重	4噸
發現地	北美洲

03/07
櫛龍 Saurolophus

有如其他鳥腳類恐龍一樣，櫛龍會以嘴喙切割葉子和嫩枝，再透過上下顎相互滑動，用數以百計的齒列將這些植物磨碎分解。

時代	晚白堊紀
科屬	鴨嘴龍科
食性	植食性
體長	12公尺
體重	5噸
發現地	北美洲、亞洲

03/08
分離龍 Kritosaurus

這種鴨嘴龍類恐龍的非比尋常之處在於沒有冠狀突起物，但牠的吻部上有一個骨塊。分離龍會在不同高度的植物上覓食，並用尾巴來保持平衡。

時代	晚白堊紀
科屬	鴨嘴龍科
食性	植食性
體長	11公尺
體重	3噸
發現地	北美洲

03/09
盔龍 Corythosaurus

這種恐龍頭部的頭盔狀冠可用於向雌性發送求偶訊號，或是警告群體留意有飢餓的掠食者靠近。

時代	晚白堊紀
科屬	鴨嘴龍科
食性	植食性
體長	8公尺
體重	3噸
發現地	北美洲

03/10
賴氏龍 Lambeosaurus

這種鴨嘴龍科恐龍具有獨特的斧頭形冠狀突起物。其狹長的口鼻部末端呈現寬闊、鈍頭的喙。雄性賴氏龍可能比雌性賴氏龍擁有更大的冠狀突起物。

時代	晚白堊紀
科屬	鴨嘴龍科
食性	植食性
體長	9.5公尺
體重	3噸
發現地	北美洲

03/11
拉哈斯獵龍 Lajasvenator

與鯊齒龍（參閱p.66）以及其他一些巨型肉食動物是親戚，是這群兇猛家族中最小的成員之一，也是已知最早生活於現今南美洲的鯊齒龍科物種。牠會在一片滿是熱帶森林和有大量魚類、鱷魚和烏龜的湖泊上，捕獵動物為食。

時代	早白堊紀
科屬	鯊齒龍科
食性	肉食性
體長	5公尺
體重	500公斤
發現地	南美洲

03/12
無聊龍 Borogovia

其拉丁文名稱以路易斯・卡羅（Louis Carroll）的荒誕詩歌《傑伯沃基（Jabberwocky）》中出現的「博洛果夫（Borogoves）」為名。無聊龍的身手靈活迅捷，以捕食蜥蜴和哺乳動物等小型獵物為生。與其他傷齒龍科成員（如p.14的傷齒龍）不同，其第二腳趾無法抬離地面，且第二趾爪平直、未如鐮刀般彎曲。

時代	晚白堊紀
科屬	傷齒龍科
食性	肉食性
體長	2公尺
體重	20公斤
發現地	亞洲

03/13
冠椎龍 Lophostropheus

這種恐龍在歷史上的地位舉足輕重，因為牠被認為是在三疊紀——侏儸紀滅絕事件中，倖存下來的恐龍，而在這次事件中，地球上超過一半的生物滅絕了。這個時期已知的恐龍非常少。冠椎龍是一種中等大小的獸腳類恐龍，擁有敏捷且快速的雙腿，會在沼澤和濕地中捕食獵物。

時代	晚三疊紀／早侏儸紀
科屬	腔骨龍科
食性	肉食性
體長	5公尺
體重	140公斤
發現地	歐洲

03/14
嗜鳥龍 Ornitholestes

這個小型且腿長的肉食動物擁有輕巧的雙腿，所以在追捕小型哺乳動物、蜥蜴和幼年恐龍時非常迅速。嗜鳥龍可能有食腐習性，而且其名字「Ornitholestes」的意思為「鳥類的搶劫者」。牠的大眼睛長在小小的頭部上，並以長長的頸部支撐，並有著非常長的尾巴，幾乎佔了身長的一半。

時代	晚侏羅紀
科屬	接近美頜龍科（未定）
食性	肉食性
體長	2公尺
體重	12公斤
發現地	北美洲

03/15
馳龍 Dromaeosaurus

其身形約等同於狼,並以群體行動。這種擁有大頭的掠食動物,有著一口充滿鋸齒狀的利齒,且每隻後腳都有鋒利如鐮刀的第二趾爪來攻擊獵物。碩大的眼睛賦予了清晰的視力,而良好的聽覺和嗅覺則有助於定位植食性動物的位置。馳龍會追逐並跳躍到獵物身上,用前肢的爪子抓牢獵物,同時用後腿踢擊。

時代	晚白堊紀
科屬	馳龍科
食性	肉食性
體長	2公尺
體重	15公斤
發現地	北美洲

03/16
埃德蒙頓龍 Edmontosaurus

無論跑得多快,這種和平的鳥腳類恐龍無法逃脫鐵了心腸且飢腸轆轆的掠食者。在樹林間穿梭時,成年埃德蒙頓龍會試圖保護幼龍免於攻擊,同時膨脹鼻子附近的皮膚來向群體中的其他恐龍發出警告。

時代	晚白堊紀
科屬	鴨嘴龍科
食性	植食性
體長	13公尺
體重	6噸
發現地	北美洲

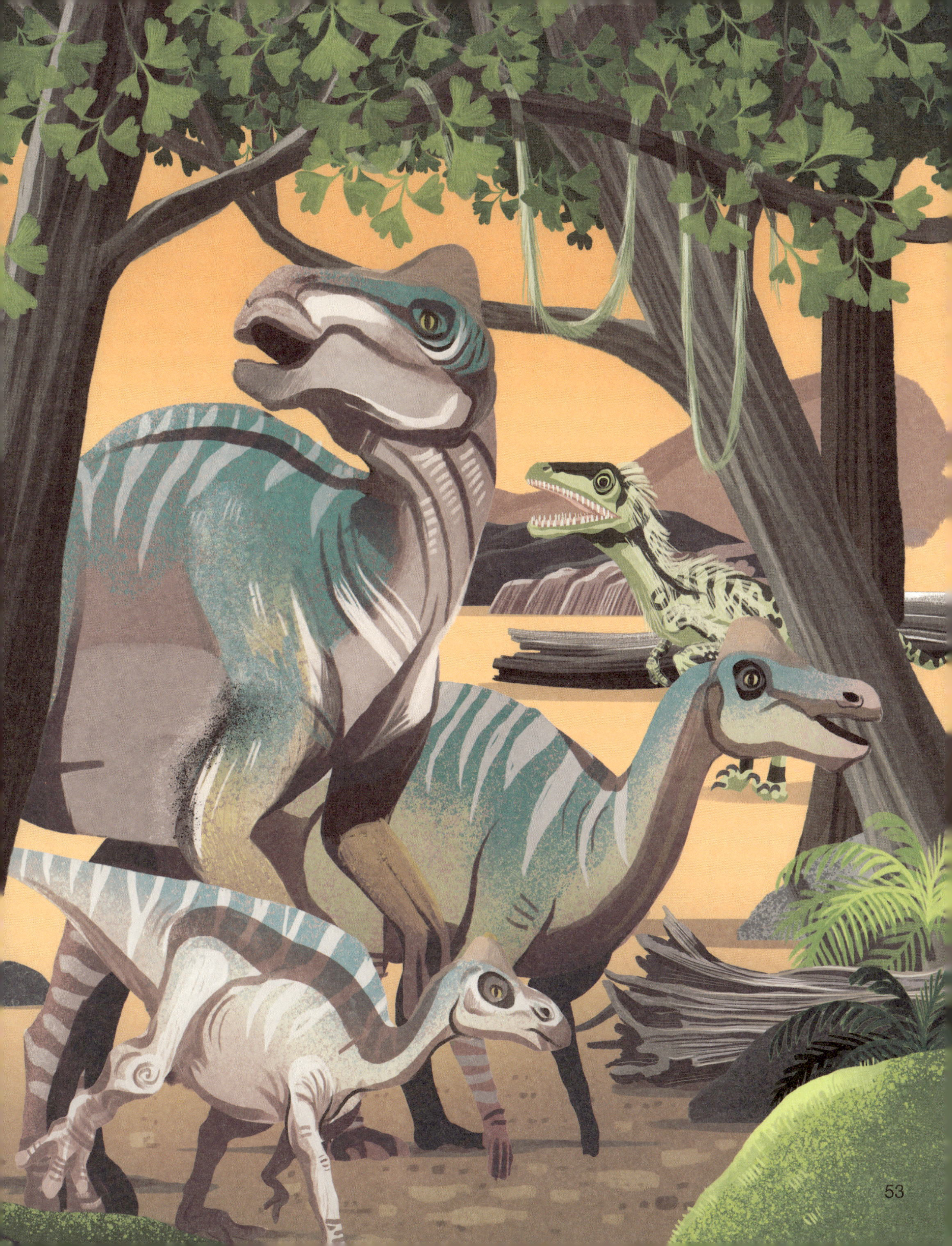

擁有特殊牙齒的恐龍

恐龍的牙齒形狀各異。有些牙齒邊緣呈尖銳的鋸齒狀，可用於撕裂肉類；有些則是排列整齊，適合咀嚼堅硬的植物。大多數恐龍的牙齒受損時都會再生，有些恐龍一生中可能需要更換成千上萬顆牙齒。

03/17
艾雷拉龍 Herrerasaurus

這種可怕的恐龍擁有可滑動的下頜，使其更容易抓住獵物。其強大的下頜和長而彎曲的牙齒，輕易地處理了大型爬行動物等獵物。

時代	晚三疊紀
科屬	艾雷拉龍科
食性	肉食性
體長	6公尺
體重	350公斤
發現地	南美洲

03/18
單冠龍 Monolophosaurus

這個肉食動物的嘴巴長著尖銳且呈鋸齒狀的牙齒。單冠龍以群體形式狩獵，追逐著蜥腳類獵物，例如馬門溪龍。

時代	中侏羅紀
科屬	斑龍科
食性	肉食性
體長	7公尺
體重	700公斤
發現地	亞洲

03/19
畸齒龍 Heterodontosaurus

這種獨特的小型恐龍有著三種不同形狀的牙齒！吻部前端有兩根獠牙和小小的釘狀牙齒可以用來咬和撕裂食物，後方牙齒則是用來磨碎食物。

時代	早侏羅紀
科屬	畸齒龍科
食性	植食性
體長	1.75公尺
體重	10公斤
發現地	非洲

03/20
梁龍 Diplodocus

這種大型植食性恐龍有著小牙齒，這些牙齒向外側突出且容易受損。據估計，每35天就要更換一顆牙齒。

時代	晚侏羅紀
科屬	梁龍科
食性	植食性
體長	27公尺
體重	20噸
發現地	北美洲

03/21
圓頂龍 Camarasaurus

這種植食性動物擁有敏銳的嗅覺，能夠引導在高樹上找到最好的進食位置。在進食時，會使用大而末端尖銳的牙齒咬碎堅硬的植物。

時代	晚侏羅紀
科屬	圓頂龍科
食性	植食性
體長	23公尺
體重	40噸
發現地	北美洲

03/22
斑龍 Megalosaurus

這隻巨獸擁有狹長的頭顱，以及長而尖銳的刀片狀牙齒，可用於切割獵物。牠也會佔死去的恐龍便宜，以牠們的腐爛軀體為食。

時代	中侏羅紀
科屬	斑龍科
食性	肉食性
體長	9公尺
體重	3噸
發現地	歐洲

*審註：今年（2024）是第一隻恐龍被命名的200周年，主角正是斑龍。

03/23
尖角龍 Centrosaurus

這種恐龍的鼻子上方有著大而向前的犄角，以及頭盾上的兩個鉤狀尖刺，這是對抗掠食者的最佳武器。此種植食性動物在橫跨當今的西北美洲平原和森林時，會以低矮的植物為食。包含幼獸在內的一群尖角龍化石，曾在一條化石河床中被發現，研判牠們可能在試圖穿越洪水時一起淹死。

時代	晚白堊紀
科屬	角龍科
食性	植食性
體長	6公尺
體重	2.7噸
發現地	北美洲

03/24
凹齒龍 Rhabdodon

這種恐龍具有鈍圓的頭部，於末端呈喙狀。凹齒龍靠著強壯的後腿行走，在與群體一起移動時，會一邊從樹木和開花灌木上咬取葉子。在當時溫暖潮濕的氣候中，凹齒龍對於同樣棲息在此的大型肉食恐龍來說，可能是易遭捕食的目標，因此聚集在一起可以提高安全性。

時代	晚白堊紀
科屬	凹齒龍科
食性	植食性
體長	4.5公尺
體重	450公斤
發現地	歐洲

03/25
速龍 Velocisaurus

雖然速龍身材矮小又粗壯，且是其家族中體型最小的成員，但牠有著長腿，能夠快速奔跑。其強壯的第三個腳趾暗示著大部分時間都在奔跑，因此有「快速的蜥蜴（Velocisaurus）」的名字。除了追逐小型哺乳動物等獵物外，可能還會利用速度來逃避棲息地中的大型獸腳類動物。

時代	晚白堊紀
科屬	西北阿根廷龍科
食性	肉食性
體長	1.2公尺
體重	10公斤
發現地	南美洲

03/26
原角龍 Protoceratops

這種如綿羊大小的恐龍以蘇鐵和其他灌木為食，其腳趾有爪子，有助於在植被中挖掘葉子和嫩枝。雖為植食性動物，但並非弱小無助，牠們有著非常強壯的顎部肌肉與咬合力。在1971年，古生物學家們發現了現今遠近馳名的化石，即是原角龍與伶盜龍（參閱p.81）以激烈爭鬥的狀態被保存下來。

時代	晚白堊紀
科屬	原角龍科
食性	植食性
體長	1.8公尺
體重	225公斤
發現地	亞洲

03/27
蠻龍 Torvosaurus

蠻龍是巨大無比的陸地掠食者,被認為是侏羅紀最兇猛的掠食者之一。牠們的嘴裡長滿長達10公分且如刀片般的可怕牙齒,還有著沉重的身軀、強大的後腿以及如老鷹利爪的短臂和指爪。

時代	中侏羅紀
科屬	斑龍科
食性	肉食性
體長	10公尺
體重	4.5噸
發現地	北美洲,歐洲

03/28
角爪龍 Ceratonykus

這種小而腿長的獸腳類恐龍似乎已經適應在沙漠中奔跑。牠們擁有短小但強壯的前肢,且指頭數量如鳥類一般較少。角爪龍會捕食小型動物,但也可能會吃昆蟲。

時代	晚白堊紀
科屬	阿瓦拉慈龍科
食性	肉食性
體長	75公分
體重	1公斤
發現地	亞洲

03/29
沼澤鳥龍 Elopteryx

此種恐龍最初被歸類為鳥類,但實際上則是一種如鳥類般的恐龍,其身份一直飽受古生物學家的爭議。學名為「Elopteryx」的意思為「沼澤之翼」,在如今的羅馬尼亞沼澤地上過著捕獵食物的生活。

時代	晚白堊紀
科屬	沼澤鳥龍科
食性	肉食性
體長	1.5公尺
體重	20公斤
發現地	歐洲

03/30
閃電獸龍 Fulgurotherium

這種小型的植食性動物被稱為「閃電野獸」，是以澳洲新南威爾斯州的閃電嶺（Lightening Ridge）為命名。牠們群居於大型群體中，並能夠在極端環境中生存。那裡的夏天短暫而炎熱，冬天則非常寒冷，因此閃電獸龍甚至可能在最寒冷的月份裡躲入地下洞穴。

時代	早白堊紀
科屬	鳥腳亞目薄板類
食性	植食性
體長	2公尺
體重	11公斤
發現地	澳洲

03/31
拜倫龍 Byronosaurus

擁有針狀牙齒的拜倫龍可能會攻擊蜥蜴、青蛙和蛇等獵物。牠們是敏捷的跑者，第二趾上有可以伸縮的爪子，大眼睛和敏銳嗅覺則有助於尋找沙漠中的獵物。在部分被沙塵覆蓋的地方，發現了成群拜倫龍的化石巢穴。

時代	晚白堊紀
科屬	傷齒龍科
食性	肉食性
體長	1.5公尺
體重	4公斤
發現地	亞洲

60

04月（April）

04/01
獨身龍 Alectrosaurus

這種暴龍有個大頭顱、小前肢和強壯後腿。牠們生活在現今的戈壁沙漠，但在晚白堊紀時期，這裡可是滿佈森林、湖泊和溪流的土地。獨龍能以鋒利的牙齒捕獵植食性恐龍，例如吉爾摩龍（參閱p.90）。

時代	晚白堊紀
科屬	暴龍科
食性	肉食性
體長	5公尺
體重	1噸
發現地	亞洲

61

04/02
菲利獵龍 Philovenator

滿口的銳利牙齒和腳上的鐮刀狀彎爪對這種傷齒龍來說可是完美武器。拉丁文名稱「Philovenator」的意思是「愛的獵人」，可見牠們是非常成功的掠食者。菲利獵龍的大眼睛有助於在黃昏和夜晚的陰影中，捕食小型哺乳動物和蜥蜴。

時代	晚白堊紀
科屬	傷齒龍科
食性	肉食性
體長	70公分
體重	1.5公斤
發現地	亞洲

04/03
南康龍 Nankangia

這隻外型奇異的偷蛋龍，特殊的顎部形狀使其無法張大嘴巴，而這也限制了牠能吃的食物種類，所以與其他偷蛋龍科的種類相比，南康龍應是不折不扣的植食性動物，食性不廣泛，單純只以種子與柔軟的植物為食。

時代	晚白堊紀
科屬	偷蛋龍科
食性	植食性
體長	2.2公尺
體重	50公斤
發現地	亞洲

04/04
崇高龍 Angaturama

隸屬於「棘龍科」這個擁有鱷魚吻部的類群，其長長的顎部擁有銳利的牙齒。這種獸腳類動物會捕食翼龍和魚類，但也會捕抓小動物或食腐。

時代	早白堊紀
科屬	棘龍科
食性	肉食性
體長	8公尺
體重	1噸
發現地	南美洲

04/05
奇異坐骨龍 Mirischia

這種二足動物敏捷靈活，能夠在上一秒捕捉天空中的蜻蜓，而下一秒則在追逐地面上的小型哺乳動物。奇異坐骨龍生活在現今的巴西地區。

時代	早白堊紀
科屬	美頜龍科
食性	肉食性
體長	2公尺
體重	7公斤
發現地	南美洲

63

04/06
巴ㄅㄚ塔ㄊㄚˇ哥ㄍㄜ巨ㄐㄩˋ龍ㄌㄨㄥˊ Patagotitan

是泰坦巨龍科當中最大的種類之一，巴塔哥巨龍是巨人中的巨人。牠們的體重竟和12頭非洲大象一樣重，肩膀高度則可達6公尺，而這麼龐大的恐龍卻有著輕量化的中空骨骼以便於活動。這些骨骼之間與氣腔相連，讓肺部可以透過這些管道，更有效地傳輸氧氣到全身。

時代	晚白堊紀
科屬	泰坦巨龍科
食性	植食性
體長	37公尺
體重	69噸
發現地	南美洲

04/07
梅ㄇㄟˊ杜ㄉㄨˋ莎ㄕㄚ角ㄐㄧㄠˇ龍ㄌㄨㄥˊ
Medusaceratops

許多不同的鳥臀目植食性恐龍，會成群地在現今的北美洲活動。這種植食性恐龍有著一副壯觀的頭盾，並以希臘神話中頭上長滿蛇的梅杜莎為命名。此外，牠們的兩隻眼睛上方也有長達1公尺的尖角。

時代	晚白堊紀
科屬	角龍科
食性	植食性
體長	6公尺
體重	2噸
發現地	北美洲

04/08
食ㄕ肉ㄖㄡˋ牛ㄋㄧㄡˊ龍ㄌㄨㄥˊ Carnotaurus

食肉牛龍是一種敏捷的二足動物,在追逐小巧靈活的獵物時,時速能達到每小時50公里。牠們有滿嘴鋒利的尖牙、僅半公尺長的手臂,以及敏銳的嗅覺來追蹤獵物。雄性食肉牛龍之間為了爭奪獵物或配偶,可能會用頭上的兩根角來擊退同類。

時代	晚白堊紀
科屬	阿貝力龍科
食性	肉食性
體長	9公尺
體重	3噸
發現地	南美洲

04/09
山ㄕㄢ奔ㄅㄣ龍ㄌㄨㄥˊ Orodromeus

擁有意為「山中的跑者」之名,這種植食性動物一旦發現傷齒龍(參閱p.14)就可以迅速逃跑。牠們體型輕巧,有著角質狀的嘴喙和後方用以磨碎食物的牙齒,並以果實和堅硬的植物為食,其強壯的前肢推測是用於挖掘居住的洞穴。

時代	晚白堊紀
科屬	奇異龍科
食性	植食性
體長	2.5公尺
體重	10公斤
發現地	北美洲

擁有特殊武器的恐龍

在恐龍世界要順利生存，需要具備的武器既多樣又兇猛，包括利齒、長爪、尖刺和長角，這些武器可以用來攻擊、殺死獵物或是防身禦敵。

04/10
包頭龍 Euoplocephalus

這種植食性的包頭龍有一個很出名的禦敵方式，即是用「尾錘」揮擊。牠們利用尾錘和盔甲來保護自己，以對抗來自蛇髮女怪龍（參閱 p.35）的威脅。

時代	晚白堊紀
科屬	甲龍科
食性	植食性
體長	7公尺
體重	2噸
發現地	北美洲

04/11
刺盾角龍 Styracosaurus

這類愛好和平的動物會以大型群體的方式活動，以保護自己免於掠食者的威脅。如果這樣還不奏效，就會使用長角和頭盾上的尖刺作為防禦武器。

時代	晚白堊紀
科屬	角龍科
食性	植食性
體長	5.5公尺
體重	2.7噸
發現地	北美洲

04/12
鯊齒龍 Carcharodontosaurus

是一種可怕的二足動物，是所有食肉恐龍當中數一數二長、且重的種類。牠們強壯的顎部長滿了長達20公分、帶有鋸齒狀邊緣的尖牙。

時代	早白堊紀
科屬	鯊齒龍科
食性	肉食性
體長	12公尺
體重	7噸
發現地	非洲

04/13
塔羅斯龍 Talos

這種如鳥類般的傷齒龍，具有鋒利且彎曲的趾爪，且如同馳龍科與傷齒龍科的其他種類，該趾爪總是離地抬起、蓄勢待發。牠們會利用這些爪子捕捉獵物、與競爭者戰鬥或自我防衛。

時代	晚白堊紀
科屬	傷齒龍科
食性	肉食性
體長	2公尺
體重	38公斤
發現地	北美洲

04/14
魚獵龍 Ichthyovenator

這種「捕魚高手」會利用靈敏的吻部偵測水裡魚類的動靜，並用大長嘴和尖牙逮住獵物。在陸地上，牠們會用巨大的拇指指爪來攻擊小型恐龍和翼龍等獵物。

時代	早白堊紀
科屬	棘龍科
食性	肉食性
體長	8公尺
體重	2噸
發現地	亞洲

04/15
釘狀龍 Kentrosaurus

這種小劍龍具有令人印象深刻的護甲陣列。兩排骨板和尖刺沿著背部延伸到尾巴，能用於防禦，肩膀上的尖刺則可以防護來自側面的攻擊。

時代	晚侏羅紀
科屬	劍龍科
食性	植食性
體長	4.5公尺
體重	1.5噸
發現地	非洲

04/16
北票龍 Beipiaosaurus

這種特別的獸腳類動物體型輕巧,可以迅速奔跑。其頭部、背部和尾部長而硬的羽毛排列方式十分特別,他們或許透過這些羽毛進行展示與溝通、而非保暖。北票龍擁有碩大的前肢爪子,可以用來抓取樹葉進食,也是自衛的絕佳武器。

時代	早白堊紀
科屬	鐮刀龍科
食性	植食性
體長	2.2公尺
體重	85公斤
發現地	亞洲

04/17
羽ㄩˇ王ㄨㄤˊ龍ㄌㄨㄥˊ Yutyrannus

這個巨大的二足動物對於路上的任何植食性動物來說，都會是一個駭人的身影。「羽王龍」的意思即是「有羽毛的暴君」，是霸王龍的遠親（參閱p.111）。牠們全身長著細緻、長達20公分的羽毛，能用來保暖，並且有一個大鼻冠，可用於吸引配偶。

時代	早白堊紀
科屬	暴龍科
食性	肉食性
體長	9公尺
體重	1.4噸
發現地	亞洲

04/18
頂ㄉㄧㄥˇ棘ㄐㄧˊ龍ㄌㄨㄥˊ Altispinax

這種大型掠食者背上高聳的神經棘形成了奇特突起物,且可能覆蓋著簡單的羽毛,推測這可能是雄性用來吸引雌性的工具。頂棘龍有著尖銳的爪子,用來捕殺像禽龍(參閱p.25)這樣的獵物,或是與其他獸腳類恐龍如重爪龍(參閱p.194)進行搏鬥。

時代	早白堊紀
科屬	異特龍科(未定)
食性	肉食性
體長	8公尺
體重	1.5噸
發現地	歐洲

04/19
小ㄒㄧㄠˇ馳ㄔˊ龍ㄌㄨㄥˊ Parvicursor

其名字的意思是「小型奔跑者」,這是迄今發現體型最小的恐龍之一,這種恐龍的長腿使牠能迅速逃離掠食者的血盆大口。小馳龍擁有最短的手臂,且手臂末端僅有一或二指及單一爪子,可用來挖掘喜歡吃的白蟻和螞蟻。

時代	晚白堊紀
科屬	阿瓦拉慈龍科
食性	肉食性
體長	55公分
體重	170公克
發現地	亞洲

70

04/20
鉤鼻龍 Gryposaurus

這種巨大鴨嘴龍科恐龍的奇特之處在於沒有冠。一如所有的鴨嘴龍類，鉤鼻龍陡高的喙內部，擁有300顆緊密排列的小牙齒，可用來研磨扯下的植物枝葉。鉤鼻龍通常以四肢行走，但也能夠以後腿站立，品嚐更高處的美味樹葉。

時代	晚白堊紀
科屬	鴨嘴龍科
食性	植食性
體長	12公尺
體重	4.5噸
發現地	北美洲

04/21
似松鼠龍 Sciurumimus

這個「松鼠模仿者」有一條濃密的尾巴，看起來像極了現今的松鼠，不過牠們體型比較長。似松鼠龍作為一種頭顱大的肉食動物，會捕獵大型獵物，包括其他恐龍，而在幼年時期，則會用位於顎部末端的細尖牙齒來捕捉昆蟲和非常小型的獵物。

時代	晚侏羅紀
科屬	斑龍科或其近親
食性	肉食性
體長	60公分
體重	1公斤
發現地	歐洲

04/22
冠龍 Guanlong

冠龍是暴龍家族和其近親中已知最早期的物種，雖作為異特龍最喜歡的獵物，但其實本身也是森林棲息地中的一名獵人。他們有著長手臂和三根有爪的指頭，可以抓住和刺傷像小型恐龍、哺乳動物和其他小動物等。其鼻冠由癒合在一起的鼻骨所組成，內部具有氣囊，推測可用來吸引配偶。

時代	晚侏羅紀
科屬	原角鼻龍科
食性	肉食性
體長	3公尺
體重	125公斤
發現地	亞洲

04/23
多智龍 Tarchia

多智龍和近親比起來有較大的腦袋，且擁有堅固的身體和強壯結實的腿。牠們的全身都有尖銳的刺，以及尾巴末端有扁平的尾錘，可以對抗具有威脅性的任何大型捕食者。其鼻子裡有一個氣道網絡，可以濕潤炎熱沙漠地區中的乾燥空氣。

時代	晚白堊紀
科屬	甲龍科
食性	植食性
體長	4.5公尺
體重	1.5噸
發現地	亞洲

04/24
尾羽龍 Caudipteryx

這種僅火雞大小的恐龍，身形小巧，腿部長而靈活。牠們的短尾巴末端有著長達15公分的羽毛（其名字意思即是「尾巴羽毛」），並組成一片扁狀的尾羽，牠們擁有十分輕盈的體重，包含叉骨在內的骨骼，與現代鳥類非常相似。尾羽龍主要以植物為食，並會吞食小石頭以磨碎胃裡的食物。

時代	早白堊紀
科屬	尾羽龍科
食性	雜食性
體長	1公尺
體重	7公斤
發現地	亞洲

以魚為食的恐龍

許多恐龍生活在海岸線或河流出海口的地方，其中一些是屬於魚食性，也就是魚類掠食者。牠們具有狹長的嘴巴和尖銳的牙齒，以便於捕捉魚隻，而少數恐龍甚至是強壯的游泳健將，能夠潛水並在水下追捕獵物。

04/25
奧沙拉龍 Oxalaia

此種恐龍具有類似鱷魚的口吻部，而且鼻孔位於吻部的後方，這樣在捕魚時水就不會進入鼻孔裡。

時代	晚白堊紀
科屬	棘龍科
食性	魚食性
體長	13公尺
體重	6噸
發現地	南美洲

04/26
惡龍 Masiakasaurus

此種恐龍的吻端有向前生長的尖銳牙齒，有助於在水中刺殺魚隻。這種「惡毒的蜥蜴」還會捕食蛇類和哺乳動物。

時代	晚白堊紀
科屬	西北阿根廷龍科
食性	魚食性
體長	2公尺
體重	20公斤
發現地	非洲馬達加斯加

04/27
暹羅龍 Siamosaurus

這種恐龍主要在現今泰國內陸海的大湖中捕魚，同時也會捕食在陸地上的小型蜥腳類恐龍。

時代	早白堊紀
科屬	棘龍科
食性	魚食性
體長	5公尺（推測）
體重	250公斤（推測）
發現地	亞洲

04/28
似鱷龍 Suchomimus

這種類似鱷魚的獸腳類恐龍有著巨大的前肢指爪,有助於制服獵物。似鱷龍在現今非洲的潟湖和河口捕捉魚隻、翼龍和小型恐龍作為食物。

時代	早白堊紀
科屬	棘龍科
食性	魚食性
體長	11公尺
體重	5.2噸
發現地	非洲

04/29
東非龍 Ostafrikasaurus

東非龍是棘龍科當中目前已知最早的成員。和棘龍科其他物種一樣,過著半水半陸的生活。牠們會涉入水中抓魚,或陸地上的獵物在飲水時趁機捕捉。

時代	晚侏羅紀
科屬	棘龍科
食性	魚食性
體長	8.4公尺(推測)
體重	1噸(推測)
發現地	非洲

04/30
哈茲卡盜龍 Halszkaraptor

這種恐龍與鴨子體型相仿,是勤奮的潛水者和強壯的游泳者。牠們擁有長脖子,爪子鋒利,像鰭一般的前肢可用來推進自己在水中移動。

時代	晚白堊紀
科屬	馳龍科
食性	魚食性
體長	60公分
體重	400公克
發現地	亞洲

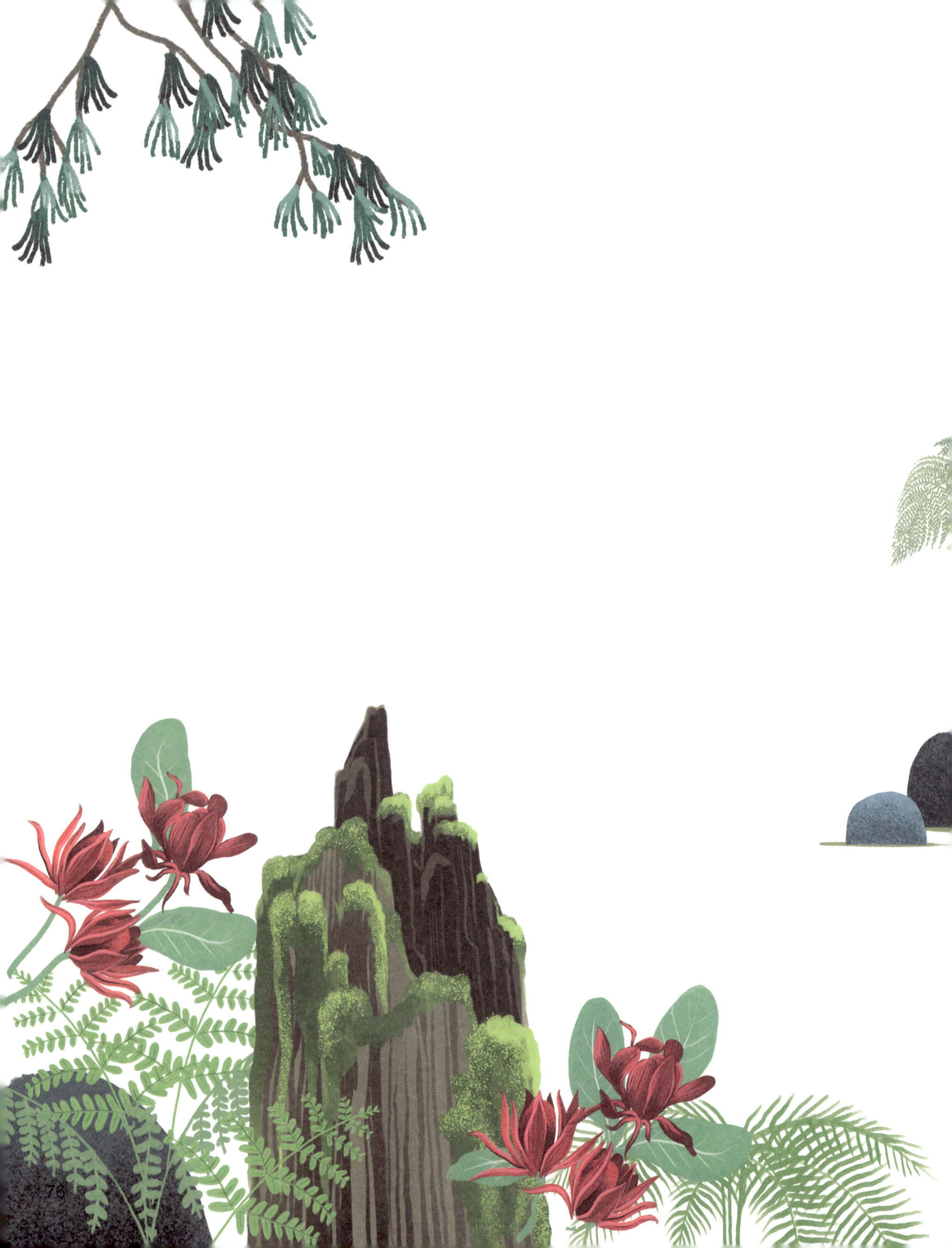

05月ㄩㄝˋ（May）

05/01
虐ㄋㄩㄝˋ龍ㄌㄨㄥˊ Bistahieversor

這種恐龍擁有巨大的頭顱和發達的鼻腔，可用於嗅出獵物，而且還有著64顆尖銳的牙齒可以用來撕裂獵物。這種名為「破壞者」的暴龍是頂級的掠食者，蟄伏於現今美國西部惡地中的森林和河流，獵捕著像五角龍（參閱 p.89）這樣的植食性恐龍。如同許多暴龍科的近親一樣，這種獸腳類恐龍的大腦相對來說比較大。

時代	晚白堊紀
科屬	暴龍科
食性	肉食性
體長	9公尺
體重	3噸
發現地	北美洲

77

05/02
棘ㄐㄧ龍ㄌㄨㄥˊ Spinosaurus

一種頭部像鱷魚的食魚恐龍,能夠在水中活動自如。棘龍的適應力強,捕食魚類時可以站在水中,也能潛入水裡追捕獵物,牠們還可能以翼龍為食,並在紅樹林、海岸和潮間帶覓食屍體。

時代	早白堊紀
科屬	棘龍科
食性	魚食性
體長	15公尺
體重	7.5噸
發現地	非洲

05/03
葬火龍 Citipati

這種獸腳類恐龍有著長頸、短頭顱、沒有牙齒的喙，並會用頭部的冠飾吸引配偶。牠們會在巨大巢穴中孵化出多達22顆蛋，且可能與現今的鴕鳥一樣，由爸爸負責孵蛋並照顧幼龍。

時代	晚白堊紀
科屬	偷蛋龍科
食性	雜食性
體長	3公尺
體重	85公斤
發現地	亞洲

05/04
繪龍 Pinacosaurus

這是一種擁有絕佳防護能力的恐龍，因為牠們擁有寬闊且結實的身體，且整個背部覆蓋著甲板。當尾部厚重的尾錘擊向攻擊者時，往往能夠造成致命傷害。繪龍以群居方式生活，並會長途跋涉地尋找食物。

時代	晚白堊紀
科屬	甲龍科
食性	植食性
體長	5公尺
體重	2噸
發現地	亞洲

05/05
諸城暴龍 Zhuchengtyrannus

這種巨型暴龍既是掠食者也是腐食者，牠們能以強壯的後腿追逐獵物，例如鴨嘴龍類（參閱p.48-49）。其強大的顎部有多顆長達10公分，帶有鋸齒狀邊緣的牙齒。

時代	晚白堊紀
科屬	暴龍科
食性	肉食性
體長	11公尺
體重	5噸
發現地	亞洲

05/06
潮汐巨龍 Paralititan

這種泰坦巨龍必須整天進食才能養活自己巨大的身軀，牠們會伸長脖子到樹上去尋找食物。潮汐巨龍是已知的最大型蜥腳類恐龍之一，生活在特提斯洋一帶，是位於現今埃及的一個潮汐平原和紅樹林沼澤地帶。

時代	中白堊紀
科屬	泰坦巨龍科
食性	植食性
體長	27公尺（未定）
體重	60噸（未定）
發現地	非洲

05/07
亞伯達角龍 Albertaceratops

眼睛上方的這兩根彎曲的長角也許曾擊退大型掠食者,但這種小型有角的植食性動物更加仰賴以偽裝來尋求保護。亞伯達角龍被認為是角龍科中最早期成員之一,該家族包括三角龍(參閱p.186)。

時代	晚白堊紀
科屬	角龍科
食性	植食性
體長	6公尺
體重	3.5噸
發現地	北美洲

05/08
伶盜龍 Velociraptor

這種恐龍小巧且靈活,雙腳的第二個趾頭都有鐮刀狀爪子,使牠成為十分厲害的捕食者。其靈活的前肢和有爪的指頭,有助於牠們在以時速高達60公里的速度追逐獵物時,抓住各種比自己小的獵物。

時代	晚白堊紀
科屬	馳龍科
食性	肉食性
體長	1.8公尺
體重	16公斤
發現地	亞洲

*審註:伶盜龍就是書籍和電影裡提及的迅猛龍。由於其學名意思與「猛」字較無關,且有其他新種恐龍以迅猛龍命名,因此舊時所稱的迅猛龍現在多以伶盜龍稱呼。

05/09
中國獵龍 Sinovenator

這種如鳥類般的傷齒龍不僅跑得飛快,且具有敏銳的視覺和聽覺,有助於獵捕蜥蜴和小型哺乳動物。其體型大小相當於一隻雄雞,但卻擁有許多緊密排列的鋸齒狀邊緣牙齒,以及鐮刀狀的腳爪。

時代	早白堊紀
科屬	傷齒龍科
食性	肉食性
體長	2公尺
體重	4.5公斤
發現地	亞洲

會飛行的中生代爬行動物

翼龍統治了恐龍世界的天空,但請注意,牠們並非鳥類、也不是恐龍,而是中生代飛行爬行動物。牠們以由皮膚、肌肉與其他軟組織構成的翼膜飛翔,而有些翼龍的尾巴較長、尾端有瓣狀構造,可以用來在空中操控方向。

05/10
德國翼龍 Germanodactylus

這種翼龍的體型大小與烏鴉相仿,是最早期發現的短尾類型翼龍之一。牠們以小蝸牛和其他有殼的生物為食,會用短鈍的牙齒壓碎食物。

時代	晚侏羅紀
科屬	德國翼龍科
食性	魚食性
翼展	1公尺
體重	2公斤
發現地	歐洲

05/11
妖精翼龍 Tupuxuara

這種短尾翼龍的華麗頭冠可以展示鮮豔的色彩,牠們在地面上行走時,就和所有翼龍一樣,是會以四足行走。

時代	早白堊紀
科屬	掠海翼龍科
食性	雜食性
翼展	4.5公尺
體重	23公斤
發現地	南美洲

05/12
喙嘴翼龍 Rhamphorhynchus

喙嘴翼龍可能是迄今為止已知長尾巴的翼龍當中翼展最寬的種類。牠們的嘴喙尖端彎曲,可以用來捕捉魚隻、魷魚和昆蟲。

時代	晚白堊紀
科屬	喙嘴翼龍科
食性	魚食性
翼展	1.75公尺
體重	1公斤
發現地	歐洲

05/13
無齒翼龍 Pteranodon

無齒翼龍雖然身體較小，但翼展卻很大。如其他翼龍一樣，會拍打翅膀在空中滑行，並利用溫暖的上升氣流不斷升高。牠們有著無齒的喙，能以不降落的狀態捕食魚類、魷魚和螃蟹。透過足跡化石，古生物學家目前一致認為翼龍在陸地上會以四足行走，並不笨拙。

時代	晚白堊紀
科屬	無齒翼龍科
食性	魚食性
翼展	6公尺
體重	20公斤
發現地	北美洲

05/14
準噶爾翼龍 Dsungaripterus

這種帶著大頭的翼龍擁有彎曲的嘴喙和奇特的骨質頭冠。當牠們在海岸線行走時，會將嘴喙伸進泥沙裡捕食貝類、螺、和沙蠶。

時代	早白堊紀
科屬	準噶爾翼龍科
食性	肉食性
翼展	3.5公尺
體重	10公斤
發現地	亞洲

05/15
古魔翼龍 Anhanguera

這種眼光銳利的翼龍從水中捕魚時，朝外生長的彎曲牙齒防止了獵物從嘴裡掉落。其拉丁文名字「Anhanguera」的意思即是「古老的惡魔」。

時代	早白堊紀
科屬	古魔翼龍科
食性	魚食性
翼展	4公尺
體重	6.5公斤
發現地	南美洲、非洲

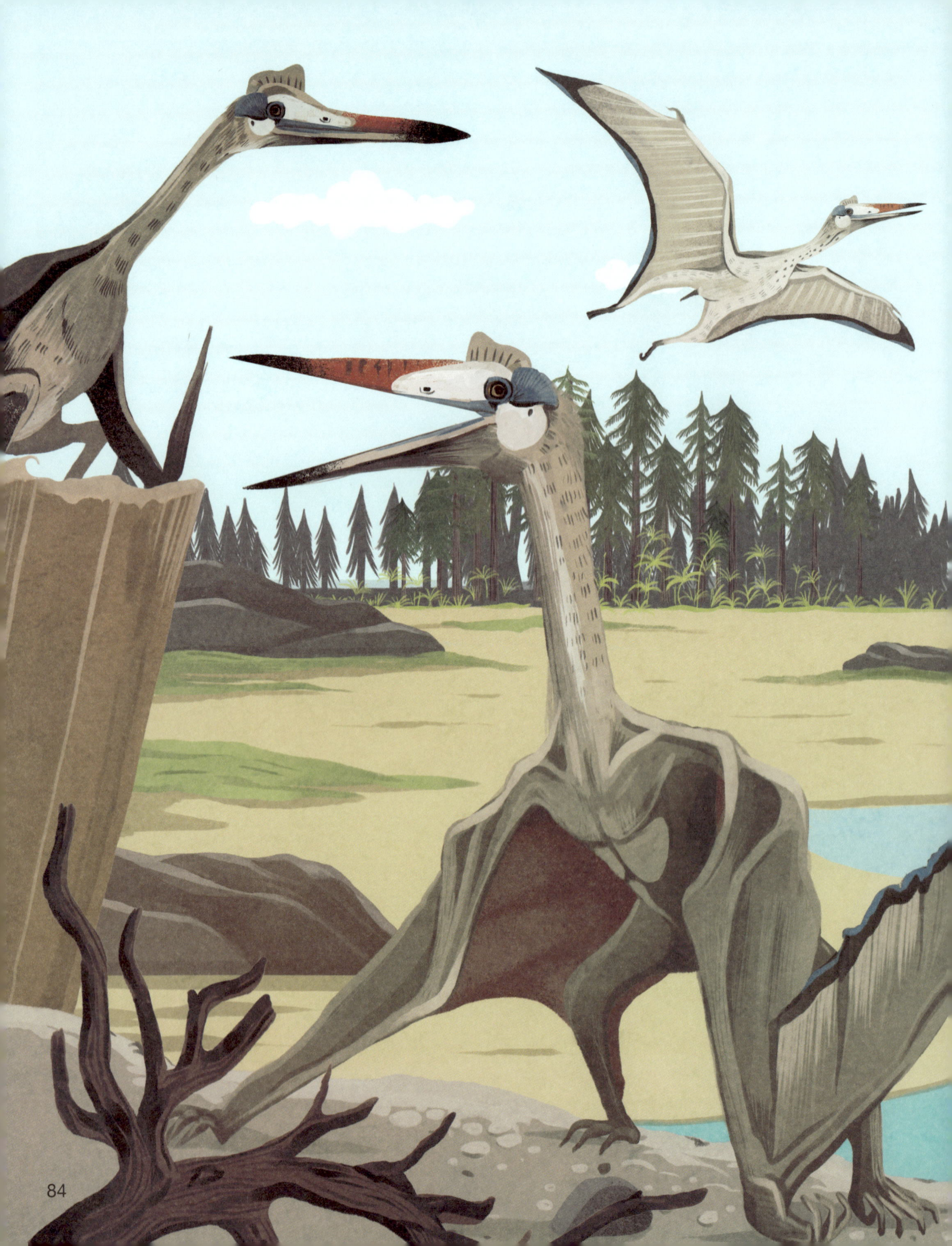

05/16
風神翼龍 Quetzalcoatlus

這種壯觀的翼龍可能是有史以來最大的飛行動物之一。與大多數翼龍不同，牠們生活在內陸地區，會展翅於湖泊和池塘上翱翔，並從水面上捕食昆蟲和魚類。在陸地上，牠們則會用四肢移動，捕食蜥蜴和小型恐龍。

時代	晚白堊紀
科屬	神龍翼龍科
食性	肉食性
翼展	12公尺
體重	540公斤
發現地	北美洲

85

05/17
馬ㄇㄚˇ普ㄆㄨˇ龍ㄌㄨㄥˊ Mapusaurus

此種恐龍位於現今的阿根廷地區，生活在家族群體中並集體狩獵。馬普龍具有窄長的頭顱和充滿如刀片般尖牙的顎部。牠們是相當成功的掠食者，有機會掠倒並迅速捕食最大型的泰坦巨龍，例如阿根廷龍（參閱 p.97）。

時代	晚白堊紀
科屬	鯊齒龍科
食性	肉食性
體長	12公尺
體重	5噸
發現地	南美洲

05/18
偷ㄊㄡ蛋ㄉㄢˋ龍ㄌㄨㄥˊ Oviraptor

這種敏捷且快速的二足移動恐龍，食物來源相當多樣，牠們擁有鉤狀的嘴喙，甚至能夠破開獵物的骨頭。牠們被錯誤地賦予了意為「偷蛋者」的名字，但其實是利用滿是羽毛覆蓋的身體來為自己的蛋保暖。

時代	晚白堊紀
科屬	偷蛋龍科
食性	雜食性
體長	1.8公尺
體重	35公斤
發現地	亞洲

05/19
擅攀鳥龍 Scansoriopteryx

拉丁文名稱「Scansoriopteryx」的意思即是「攀爬的翼」，這種被羽毛覆蓋、如鳥類般的恐龍，第一件化石擁有麻雀體型大小。牠們的腳趾特化成便於棲息在樹上的型態，且長長的第三隻手指有助於抓緊樹幹，並會利用指爪挖出樹皮下的昆蟲進食。雖然無法飛行，但能夠在樹枝間短距離滑翔。

時代	中侏羅紀
科屬	擅攀鳥龍科
食性	肉食性
體長	16公分（未成熟）
體重	160公克
發現地	亞洲

05/20
纖手龍 Chirostenotes

這種恐龍以強大的長腿在森林中奔跑，以追逐爬行動物和哺乳動物，最高速度甚至可達每小時60公里。牠們擁有長長的第二隻手指，可以從土裡翻找出雞母蟲和青蛙。其鸚鵡般的頭骨上有骨質的冠，並且具有發達的嗅覺，以便於在灌木叢中找到獵物。

時代	晚侏羅紀
科屬	近頜龍科
食性	雜食性
體長	2.5公尺
體重	60公斤
發現地	北美洲

擁有犄角的恐龍

角龍科家族的大多數成員都有著大大的頭盾和危險逼人的犄角。牠們可說是恐龍界裡的犀牛，而且在禦敵時更是令人聞風喪膽。

05/21
準角龍 Anchiceratops

準角龍的頭盾異常地長、呈矩形，邊緣骨質的突起上長有朝向後方的尖刺。牠們在穿越池塘和泥濘時，會以沼澤植物為食。

時代	晚白堊紀
科屬	角龍科
食性	植食性
體長	5公尺
體重	2噸
發現地	北美洲

05/22
野牛龍 Einiosaurus

這種角龍科恐龍具有向下彎曲的鼻角和眼睛上方的骨脊。牠們生活在乾燥地區，且擁有特殊的牙齒，專門用於咀嚼堅韌的植物。

時代	晚白堊紀
科屬	角龍科
食性	植食性
體長	4.5公尺
體重	1.3噸
發現地	北美洲

05/23
太古角龍 Yehuecauhceratops

這種小型的角龍科恐龍，擁有短小的頭盾和兩根眼睛上方的小角。牠們曾在現今墨西哥沙漠地區的沼澤和氾濫平原上，與同類一起覓食。

時代	晚白堊紀
科屬	角龍科
食性	植食性
體長	3公尺
體重	500公斤
發現地	北美洲

05/24
厚鼻龍 Pachyrhinosaurus

這種長有頭盾的恐龍，其頭顱是已知陸地動物中最大的，長度可達2.77公尺。鼻子上的厚實塊狀骨質突起，推測可能用於展示。

時代	晚白堊紀
科屬	角龍科
食性	植食性
體長	7公尺
體重	4噸
發現地	北美洲

05/25
五角龍 Pentaceratops

名為「Pentaceratops」意為「五支角的面孔」，這種恐龍的眼睛上方有著長角，鼻子上則有一根大角和兩根位於臉頰的小角。五角龍生活在森林中，以樹葉和果實為食。

時代	晚白堊紀
科屬	角龍科
食性	植食性
體長	6公尺
體重	3噸
發現地	北美洲

05/26
中國角龍 Sinoceratops

這種恐龍頭上的壯觀頭盾上有著整排向前彎曲的小角，而且長長的口吻部還有一根大角。中國角龍是在如今中國地區發現的第一種角龍科恐龍。

時代	晚白堊紀
科屬	角龍科
食性	植食性
體長	6公尺
體重	2噸
發現地	亞洲

05/27
費爾干納頭龍 Ferganocephale

這種厚頭龍科的恐龍是該家族已知最古老的成員,具有笨重身軀、短前腿和粗重的尾部。無論是為了爭奪配偶或是在群體中展示力量,厚厚的頭顱都會被作為頭鎚使用。

*審註:該種恐龍只有發表了部分的牙齒化石,因此其分類、外型、與體型仍有許多未知數。

時代	中侏羅紀
科屬	厚頭龍科(未定)
食性	植食性
體長	未知
體重	未知
發現地	亞洲

05/28
吉爾摩龍 Gilmoreosaurus

這是一種早期的鴨嘴龍科恐龍,其化石在現今的內蒙古地區被發現。在史前時期,此地區滿是茂密的松柏林、溪流和湖泊,一群吉爾摩龍可以在這找到大量的植物食用。

時代	晚白堊紀
科屬	未定(應與鴨嘴科關係非常接近的種類)
食性	植食性
體長	6.5公尺
體重	1.5噸
發現地	亞洲

05/29
竊螺龍 Conchoraptor

這種如鳥類般的小型兩足動物,具有圓鈍的吻部和強壯的無齒嘴喙。其拉丁文名稱「Conchoraptor」意為「海螺掠食者」,牠們可以輕易地粉碎喜歡吃的食物,例如螃蟹和螺貝類。

時代	晚白堊紀
科屬	偷蛋龍科
食性	肉食性
體長	2公尺
體重	30公斤
發現地	亞洲

05/30
西爪龍 Hesperonychus

西爪龍為迷你版本的伶盜龍（參閱p.81）,利用卓越的聽覺和視覺,追捕喜歡的昆蟲、蜥蜴、小型哺乳動物和剛孵化的恐龍。牠們是體型最小的掠食者之一,體重約相當於一隻大雞。

時代	晚白堊紀
科屬	馳龍科
食性	肉食性
體長	0.9公尺
體重	1.8公斤
發現地	北美洲

05/31
短角龍 Brachyceratops

這種植食性恐龍有一個小鼻角和一個中等大小的頭盾,可用於保護自己。牠們可能成為同個棲地內大型肉食動物的獵物,例如亞伯達龍（參閱p.115）。

時代	晚白堊紀
科屬	角龍科
食性	植食性
體長	2公尺
體重	80公斤
發現地	北美洲

*審註：這種小型的角龍類恐龍只有被發現不完整且未成熟的化石,甚至有科學家認為短角龍僅是刺盾角龍的年幼個體。

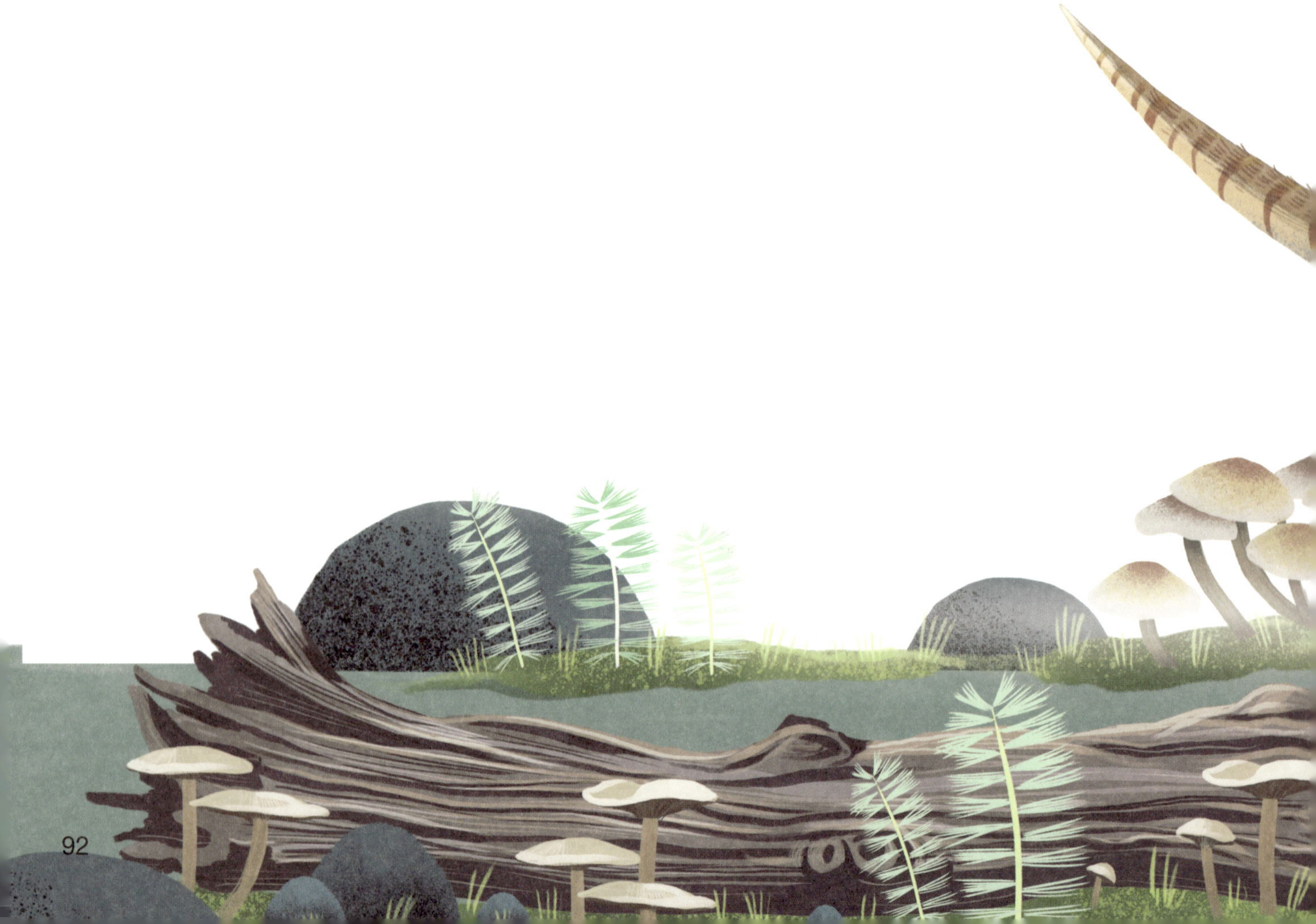

06月（June）

06/01
中華龍鳥 Sinosauropteryx

由於有著面具狀的臉部、帶有條紋的尾巴、深色的背部和淺色的腹部，所以這種小型二足動物在森林斑駁陰影的林底層，擁有良好的保護色。因此，牠們多數時間免於大型掠食者的威脅，並以小型哺乳動物、蜥蜴和昆蟲為食。1996年命名，這是史上第一隻化石上帶有羽毛痕跡的恐龍種類。

時代	早白堊紀
科屬	美頜龍科
食性	肉食性
體長	1.25公尺
體重	2.5公斤
發現地	亞洲

06/02
泰坦角龍 Titanoceratops

這種恐龍是角龍科三角龍類裡頭相當早期的成員,其拉丁文名字「Titanoceratops」的意思是「巨大的有角面孔」。牠們有個達2.65公尺的巨大頭骨、大大的頭盾、兩根位於眼睛上方的犄角,以及位於其鼻子上的鼻角。泰坦角龍的重量相當於一頭成年雄性非洲象。

時代	晚白堊紀
科屬	角龍科
食性	植食性
體長	6.8公尺
體重	6.5噸
發現地	北美洲

06/03
圓頭龍 Sphaerotholus

這種植食性恐龍雖然體型嬌小,但並未妨礙牠們將頭部作為頭鎚使用。圓頭龍可能會用厚實的頭顱攻擊掠食者的弱點部位,或是撞上同家族中其他雄性,以爭奪雌性配偶。

時代	晚白堊紀
科屬	厚頭龍科
食性	植食性
體長	2公尺
體重	25公斤
發現地	北美洲

06/04
阿ㄚ基ㄐㄧ里ㄌㄧ斯ㄙ龍ㄌㄨㄥ Achillobator

這種恐龍是一種能夠快速移動的二足動物，並以群體狩獵為生。與其他盜龍類相似，牠們的第二腳趾頭有鐮刀狀的爪子，能跳躍捕食像籃尾龍這樣的裝甲恐龍，並以鋸齒狀邊緣的牙齒咬住獵物。阿基里斯龍是所有盜龍類中體型最大的之一。

時代	晚白堊紀
科屬	馳龍科
食性	肉食性
體長	6公尺
體重	350公斤
發現地	亞洲

＊審註：盜龍類（Raptors）不是單一類群的名字，而是一群敏捷、肉食性恐龍的統稱，大多數包含了馳龍科、和傷齒龍科的物種。

06/05
烏ㄨ拉ㄌㄚ嘎ㄍㄚ龍ㄌㄨㄥ Wulagasaurus

這種有鴨子般喙部的植食性動物，是生活在現今中國東北部地區的鴨嘴龍類恐龍。牠們會成群活動，從低矮的灌木和小樹上啃食果實和葉子。

時代	晚白堊紀
科屬	鴨嘴龍科
食性	植食性
體長	9公尺
體重	3噸
發現地	亞洲

體型巨大的恐龍

在充滿巨大植食性恐龍的世界中,泰坦巨龍是其中最龐大且最負盛名的類群。這個家族恐龍的名字是來自於古希臘神話和傳說中的泰坦巨人族。

06/06
泰坦巨龍 Titanosaurus

泰坦巨龍的化石雖然在1820年代就已經發現,但卻在1877年才被命名。牠們是第一批在印度被發現的恐龍骨骼,其長脖子由龐大的軀幹支撐,且頭部相對較小。

時代	晚白堊紀
科屬	泰坦巨龍科
食性	植食性
體長	12公尺(未定,化石完整度低)
體重	13噸(未定,化石完整度低)
發現地	亞洲

06/07
馬門溪龍 Mamenchisaurus

這種恐龍的脖子長度是身體長度的一半,且後腿比前腿短。馬門溪龍會使用像鞭子一般的尾巴來抵禦捕食者。

時代	晚侏羅紀
科屬	馬門溪龍科
食性	植食性
體長	35公尺
體重	60噸
發現地	中國

06/08
南極龍 Antarctosaurus

拉丁文名稱是「南方的蜥蜴」,這種泰坦巨龍會用釘子般的牙齒切斷葉子。南極龍不會咀嚼,而是直接大量地吞嚥植物。

時代	晚白堊紀
科屬	泰坦巨龍科
食性	植食性
體長	30公尺
體重	45噸
發現地	南美洲

06/09
阿ㄚ根ㄍㄣ廷ㄊㄧㄥ龍ㄌㄨㄥ Argentinosaurus

阿根廷龍蟬聯多年最大型恐龍的紀錄。阿根廷龍需要40年的時間才能長大成熟的體型。牠們有著高達17公尺的身高，使之能夠接觸到最高的針葉樹。

時代	晚白堊紀
科屬	泰坦巨龍科
食性	植食性
體長	35公尺
體重	65噸
發現地	南美洲

06/10
超ㄔㄠ龍ㄌㄨㄥ Supersaurus

這種恐龍絕對是一種「超級爬行動物」，即使是異特龍（參閱p.115）對牠們也不構成威脅。超龍以森林樹木頂部的葉子和嫩芽為食。

時代	晚侏羅紀
科屬	梁龍科
食性	植食性
體長	40公尺
體重	45噸
發現地	北美洲

06/11
巨ㄐㄩ酋ㄑㄧㄡ龍ㄌㄨㄥ Futalognkosaurus

其長頸由14節椎骨組成，部分區域更是厚達1公尺以上。牠們的頸椎有高聳突起的神經棘，就像鯊魚鰭一般，這使得巨酋龍的頸子又長又厚。

時代	晚白堊紀
科屬	泰坦巨龍科
食性	植食性
體長	24公尺
體重	30噸
發現地	南美洲

06/12
河神龍 Achelousaurus

如同大多數角龍科的種類，河神龍也有大而厚重的頭骨，長達1.6公尺，並帶有標誌性的犄角。然而，這是一種愛好和平的植食性動物，會成群結隊地尋找植物進食。這些角和頭盾能用來防禦掠食者的攻擊，也可以用來展示自己。當需要時，這些角龍們可以透過頭盾裡密布的血管，用以散熱、幫自己降溫。

時代	晚白堊紀
科屬	角龍科
食性	植食性
體長	6公尺
體重	3噸
發現地	北美洲

06/13
蜥鳥龍 Saurornithoides

這是一種奔跑快速的掠食者，擁有優異的視覺和聽覺能力。牠們的大眼睛使其能夠在昏暗的光線中看清楚，輕鬆地捕食小型哺乳動物和爬行動物。蜥鳥龍會用前肢抓住獵物，再用如鐮刀般的第二趾爪給出致命一擊。

時代	晚白堊紀
科屬	傷齒龍科
食性	肉食性
體長	2.3公尺
體重	40公斤
發現地	亞洲

06/14
恩奎巴龍 Nqwebasaurus

這種恐龍的體型大小與雞隻相當，生活在現今的非洲南部地區。牠們的化石中有許多胃石被發現，即是吞下的石頭，可以用來幫助磨碎堅韌的植物。

時代	早白堊紀
科屬	似鳥龍類的早期成員
食性	植食性
體長	1公尺
體重	1公斤
發現地	非洲

06/15
足羽龍 Pedopenna

這種四翼恐龍雖然不能飛行，但具有滑翔的能力。足羽龍的後肢各有一根大趾爪，可用來制服獵物。

時代	中侏羅紀
科屬	近鳥龍科
食性	肉食性
體長	1公尺（未定，只有發現足部化石）
體重	1公斤（未定）
發現地	亞洲

06/16
慈母龍 Maiasaura

1970年代末期，在美國蒙大拿州的「蛋山（Egg Mountain）」的地區，發現了令人詫異的一大群慈母龍化石巢穴。這種植食性恐龍生活在非常大的群體中，他們會在同一塊地區育雛，每位媽媽的巢穴土堆僅間隔7公尺，每一巢約有30～40顆、長約15公分的恐龍蛋。待蛋孵化後，幼龍會在巢穴中待上1年，由親代負責照顧。

時代	晚白堊紀
科屬	鴨嘴龍科
食性	植食性
體長	9公尺
體重	4噸
發現地	北美洲

*審註：慈母龍成年體長超越了巢穴之間的距離，這意味著育幼場所是非常擁擠的地方，如同今日部分海鳥和企鵝的繁殖地一般。

101

擁有喙的恐龍

許多不同種類的恐龍有著由角蛋白（keratin）構成的嘴喙，能夠幫助牠們啃咬及進食。角蛋白也是現今鳥類的喙、哺乳動物的指甲、爪子和蹄、牛角與羊角當中所構成的主要成分。

06/17
河源龍 heyuannia

這種帶著嘴喙、無牙的恐龍化石和藍綠色的化石蛋一起被發現，這些蛋分上下層、每層排列成一個圓圈，或許顯示出河源龍正在孵蛋。

時代	晚白堊紀
科屬	偷蛋龍科
食性	雜食性
體長	1.5公尺
體重	20公斤
發現地	亞洲

06/18
泥潭龍 Limusaurus

年幼的泥潭龍出生時有牙齒，但隨著成長會逐漸失去，並長出堅實的嘴喙。牠們會吞食石頭（稱為胃石）以幫助磨碎堅硬的植物。

時代	中侏羅紀
科屬	西北阿根廷龍科
食性	植食性
體長	2公尺
體重	15公斤
發現地	中國

06/19
鐵路角龍 Ferrisaurus

這種有著鸚鵡嘴的植食性動物，其體型約與大角羊相似。鐵路角龍是如霸王龍（參閱p.111）等大型肉食性恐龍的獵物。

時代	晚白堊紀
科屬	纖角龍科
食性	植食性
體長	1.75公尺
體重	150公斤
發現地	北美洲

06/20
鸚鵡嘴龍 Psittacosaurus

拉丁文名稱意思為「鸚鵡蜥蜴」，這種小型的恐龍臉頰上有對奇怪的犄角。牠們會使用堅硬且狹窄的嘴喙將蘇鐵葉子切割下來，再用後方的牙齒咀嚼吞食。

時代	早白堊紀
科屬	鸚鵡嘴龍科
食性	植食性
體長	2公尺
體重	20公斤
發現地	亞洲

06/21
鷹角龍 Aquilops

這種恐龍的體型約跟貓一樣大，其頭顱比成年人的手掌還要小。牠們的嘴喙尖端向下彎曲，尖端上方還有個特別的突起物。

時代	早白堊紀
科屬	新角龍下目的早期成員
食性	植食性
體長	60公分
體重	1.6公斤
發現地	北美洲

06/22
智利龍 Chilesaurus

這種恐龍的身體和用來抓握的手，顯示出牠應是肉食性恐龍的一員。然而，智利龍又有著細尖小巧的嘴喙，以及植食性恐龍具備的顎部和抹刀型牙齒。

時代	晚侏羅紀
科屬	分類未定
食性	植食性
體長	3.2公尺
體重	100公斤
發現地	南美洲

06/23
愛ㄞˋ氏ㄕˋ角ㄐㄧㄠˇ龍ㄌㄨㄥˊ Avaceratops

這種小型植食性動物可能是三角龍（參閱 p.186）往前 1 千萬年的近親。與三角龍一樣，愛氏角龍有個相對於頭、比例上較矮小的頭盾，而且這塊扁平狀的骨頭沒有孔洞。牠們會成群活動，以蕨類植物、蘇鐵和低矮的針葉樹為食。

時代	晚白堊紀
科屬	角龍科
食性	植食性
體長	4.2公尺
體重	1噸
發現地	北美洲

＊審註：大多數角龍科的種類，其頭盾都有數量不等的孔洞，外觀上由皮膚包覆。然而，愛氏角龍與三角龍卻是例外，具有無孔洞的實心頭盾。

06/24
似ㄙˋ鴯ㄦˊ鶓ㄇㄧㄠˊ龍ㄌㄨㄥˊ Dromiceiomimus

這種骨頭空心且輕盈的恐龍，其名稱即意為「像鴯鶓的恐龍」。牠們的爆發力強，能夠短暫地跑出時速80公里這樣驚人的速度！其大眼睛和良好視力，能夠在灌木叢中發現喜歡吃的小昆蟲、蜥蜴和哺乳動物，還會吃銀杏、棕櫚果實和針葉樹的毬果。

時代	晚白堊紀
科屬	似鳥龍科
食性	雜食性
體長	3.5公尺
體重	135公斤
發現地	北美洲

06/25
蜥ㄒ一ˊ狀ㄓㄨㄤˋ龍ㄌㄨㄥˊ Kileskus

雖然不是種大型的恐龍，但蜥狀龍能以高超的技巧成為一流的掠食者。蜥狀龍和原角鼻龍（參閱p.22）、冠龍（參閱p.72）一樣，都是暴龍的早期遠房親戚。蜥狀龍的體型比暴龍科的霸王龍（參閱p.111）小了一半以上。牠們曾在現今的俄羅斯西伯利亞西部的森林中生活，以哺乳動物和其他小型獵物為食，而大型異特龍類和斑龍類則是需要避免的危險。

時代	中侏羅紀
科屬	原角鼻龍科
食性	肉食性
體長	5.2公尺
體重	700公斤
發現地	亞洲

*審註：最有名氣的霸王龍僅是暴龍科裡的其中一員。而此處的原角鼻龍科、與暴龍科及其他近親共同組成分類上更高階的「暴龍超科」，可以當成是廣義的暴龍類群。

06/26
簡手龍 Haplocheirus

這種早期的大型阿瓦拉慈龍類恐龍靠著長腿迅速移動，並捕捉小動物為食。牠們有著尖銳的牙齒，帶著三根指頭與爪子的前肢，可以抓住掙扎中的獵物。其鳥類般的特徵，即羽毛和構造簡化的前肢，比其他帶羽恐龍早出現了數百萬年的時間。

時代	晚侏羅紀
科屬	阿瓦拉慈龍超科
食性	肉食性
體長	2公尺
體重	20公斤
發現地	亞洲

06/27
阿納拜斯龍 Anabisetia

這種二足植食性的恐龍成群活動於南美洲的熱帶森林中，現在該地區變成了沙漠。牠們是該地區最小的恐龍之一，與有史以來最大的肉食性和植食性恐龍共同生活在同一塊棲地中。

時代	晚白堊紀
科屬	鳥腳亞目薄板類
食性	植食性
體長	2公尺
體重	20公斤
發現地	南美洲

06/28
欽迪龍 Chindesaurus

這種非常早期的獸腳類動物是當時最快的跑者之一，靠著長腿快速奔跑來捕捉獵物，同時也用於逃脫如蜥鱷（Saurosuchus）等大型掠食者的魔掌。欽迪龍會捕食小型三疊紀哺乳動物、蜥蜴和幼年恐龍。其拉丁文名字來自納瓦霍語（Navajo）的「chindi」，意為「惡靈」。

時代	晚三疊紀
科屬	艾雷拉龍科（未定）
食性	肉食性
體長	2.3公尺
體重	40公斤
發現地	北美洲

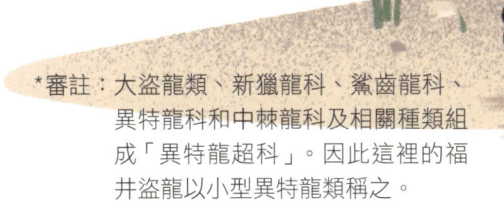

06/29
福井盜龍 Fukuiraptor

這種小型異特龍類成員是目前在日本境內發現最完整的獸腳類恐龍化石。與其家族成員一樣可怕，牠們會集體狩獵並跟蹤獵物，再利用大爪子和帶有鋸齒狀邊緣的牙齒殺害獵物。其名字意為「福井縣的盜賊」。

時代	早白堊紀
科屬	大盜龍類（新獵龍科）
食性	肉食性
體長	4.5公尺
體重	250公斤
發現地	日本

*審註：大盜龍類、新獵龍科、鯊齒龍科、異特龍科和中棘龍科及相關種類組成「異特龍超科」。因此這裡的福井盜龍以小型異特龍類稱之。

06/30
戈壁獵龍 Gobivenator

這種恐龍是小型、敏捷且靈活的掠食者，尾巴佔了大部分的體長。牠們有著指爪，以及腳上可怕的鐮刀爪，可用於攻擊獵物。戈壁獵龍的名字意為「戈壁沙漠的獵人」，會群體生活和狩獵，除了追逐小動物以外，有時也會捕食幼年恐龍。

時代	晚白堊紀
科屬	傷齒龍科
食性	肉食性
體長	1.6公尺
體重	7公斤
發現地	亞洲

107

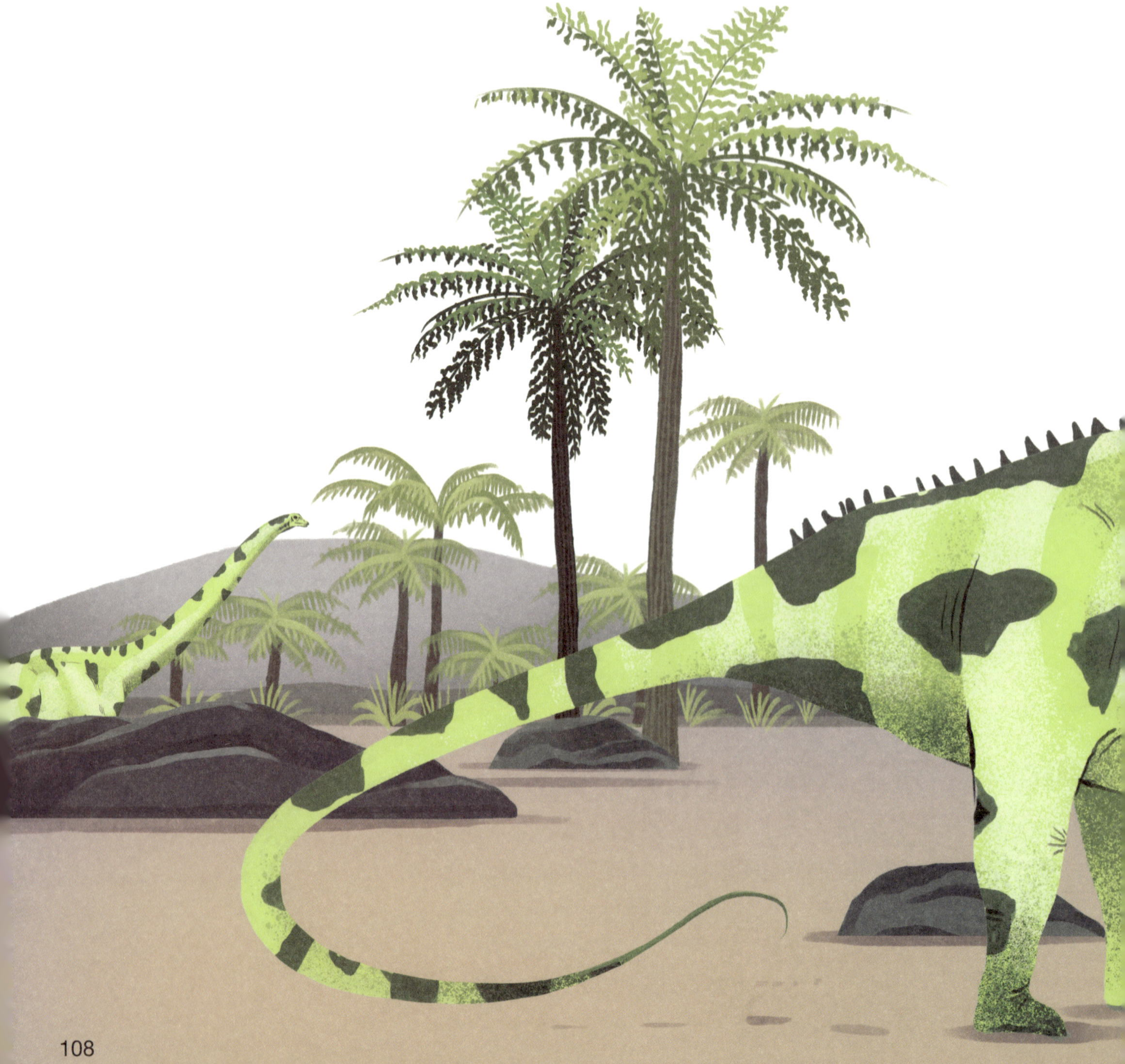

07月 ㄩㄝˋ（July）

07/01
雙ㄕㄨㄤ腔ㄑㄧㄤ龍ㄌㄨㄥˊ Amphicoelias

這是一種大型蜥腳類恐龍，會漫步於平原上尋找著植物進食。牠們擁有長頸部和鞭狀尾巴，會伸長脖子到樹梢上吃樹葉，或是用頭掃過低矮的蕨類植物尋找美味的葉子。

時代	晚侏羅紀
科屬	梁龍科
食性	植食性
體長	18公尺
體重	15噸
發現地	北美洲

*審註：其中一種名為「易碎雙腔龍」的種類，曾有估算全長為60公尺。然而該物種只憑一節不完整的脊椎來估算，且該化石遺失，因此此數據多不被採信。

109

07/02
冠盜龍 Corythoraptor

這種恐龍與現今的食火雞十分相似,且頭頂上有個頭盔狀的頭冠。偷蛋龍科的其他成員也有頭盔但形狀大小不一。冠盜龍生活在炎熱乾燥的環境中,以耐旱的植物、堅果和種子為食,並會捕食小蜥蜴和哺乳動物。

時代	晚白堊紀
科屬	偷蛋龍科
食性	雜食性
體長	2公尺
體重	60公斤
發現地	亞洲

07/03
短冠龍 Brachylophosaurus

其名字的意思為「短頭冠的蜥蜴」,這個頭冠在短冠龍的頭頂形成扁平的護盾。與其他鴨嘴龍類恐龍相比,短冠龍的頭部相當小,且有寬闊的角質喙和異常修長的前肢。

時代	晚白堊紀
科屬	鴨嘴龍科
食性	植食性
體長	9公尺
體重	5噸
發現地	北美洲

07/04

霸ㄅㄚˋ王ㄨㄤˊ龍ㄌㄨㄥˊ Tyrannosaurus

著名的恐龍之一,是提到「暴龍」時最常被聯想到的恐龍。這種龐大的掠食者擁有巨大的頭部和長達1.2公尺的顎部。霸王龍的出色嗅覺能力有助於找到獵物,死掉或活生生地都可以,並用長達30公分的牙齒撕下肉塊。由於牠們無法咀嚼,所以會將肉塊整個吞下。霸王龍能輕易地殺死一隻大型的埃德蒙頓龍(參閱p.52)。

時代	晚白堊紀
科屬	暴龍科
食性	肉食性
體長	12.5公尺
體重	8.5噸
發現地	北美洲

07/05
古鴨龍 Huehuecanauhtlus

其拉丁文名字來自阿茲特克文明（Aztec）的方言，意為「古老的鴨」。牠們的化石在現今的墨西哥西部地區被發現，化石顯示出背骨上有著高聳的脊椎，且呈現彎曲的形狀。有如其他鴨嘴龍類，古鴨龍是群居性的動物。

時代	晚白堊紀
科屬	鴨嘴龍類（接近鴨嘴龍科）
食性	植食性
體長	5.5公尺
體重	1.5噸
發現地	北美洲

07/06
獨角龍 Monoclonius

這種恐龍會用巨大的頭部靠近地面，藉此來尋找植物並用後方眾多的牙齒磨碎食物。其短尖的口吻部末端是一個無牙的嘴喙和尖銳的鼻角，可用於對抗掠食者。推測用於求偶的頭盾，在雄性獨角龍身上會更大。

時代	晚白堊紀
科屬	角龍科
食性	植食性
體長	5公尺
體重	2噸
發現地	北美洲

07/07
黑ㄏㄟ龍ㄌㄨㄥˊ江ㄐㄧㄤ龍ㄌㄨㄥˊ Sahaliyania

這種鴨嘴龍生活在白堊紀末期的中國東北部，會以四肢行走，但也能夠用兩條腿站立，以便吃到美味的樹葉。牠們能夠將鼻腔內的氣吹至中空的頭冠內，並發出深沉而響亮的聲音來警告危險、召喚同伴或吸引伴侶。

時代	晚白堊紀
科屬	鴨嘴龍科
食性	植食性
體長	7公尺
體重	2.2噸
發現地	亞洲

07/08
蜥ㄒㄧ鳥ㄋㄧㄠˇ盜ㄉㄠˋ龍ㄌㄨㄥˊ Saurornitholestes

此種小型的獸腳類動物屬於兇猛掠食者，這位獵人身手敏捷，腳上有鐮刀般的爪子，且可能以群體方式狩獵，可以殺死其他類似大小的恐龍、哺乳動物和蜥蜴。有化石紀錄發現，風神翼龍（參閱p.85）的翅膀上留有蜥鳥盜龍的牙齒，顯示這類大型動物的屍體亦是菜單上的選項之一。

時代	晚白堊紀
科屬	馳龍科
食性	肉食性
體長	1.8公尺
體重	10公斤
發現地	北美洲

以肉為食的恐龍

若要成為厲害的肉食性恐龍，就需要擁有長而健壯的腿部，才能夠追捕其他也非常敏捷的獵物。為了捕捉，牠們通常會使用尖銳的長爪和藏著滿嘴利牙的強壯顎部。

07/09
死掠龍 Thanatotheristes

此名字正是對這種恐龍的完美詮釋，意思為「死亡收割者」。牠們是北美洲北部最早期的暴龍科恐龍，是異角龍（參閱p.29）等恐龍的掠食者。

時代	晚白堊紀
科屬	暴龍科
食性	肉食性
體長	8公尺
體重	2噸
發現地	北美洲

07/10
曙奔龍 Eodromaeus

其拉丁文名稱意為「黎明的跑者」，這種恐龍是迄今發現最早期的肉食性恐龍之一。牠們擁有銳利且彎曲的牙齒以捕食獵物，不過曙奔龍本身亦是大型偽鱷類動物的捕獵對象。

時代	晚三疊紀
科屬	最早期的獸腳類
食性	肉食性
體長	1.2公尺
體重	5公斤
發現地	南美洲

07/11
哈格里芬龍 Hagryphus

哈格里芬龍是一種狀似鳥類的恐龍，會在氾濫平原和泥炭沼澤中尋找食物，包括植物、小型脊椎動物和蛋。

時代	晚白堊紀
科屬	近頜龍科
食性	雜食性
體長	3公尺
體重	50公斤
發現地	北美洲

*審註：在三疊紀，最主流、且最大型的優勢掠者，是鱷魚祖先的遠房親戚們，稱為偽鱷類。這一群動物在三疊紀的大滅絕裡損傷慘重。

07/12
亞伯達龍 Albertosaurus

這種掠食者擁有60多顆牙齒，比起體型更大的霸王龍擁有的牙齒還要多，他們能更輕鬆地咬碎鴨嘴龍等獵物的骨頭和肉。

時代	晚白堊紀
科屬	暴龍科
食性	肉食性
體長	9公尺
體重	3噸
發現地	北美洲

07/13
永川龍 Yangchuanosaurus

這種強大的獵人有著約一半身長的巨大尾巴，並可能以群體方式狩獵。他們的頭顱巨大但輕巧，擁有帶著鋸齒邊緣的利齒，可以用來獵殺例如馬門溪龍（參閱p.96）等蜥腳類恐龍。

時代	中侏羅紀
科屬	中棘龍科
食性	肉食性
體長	11公尺
體重	3噸
發現地	亞洲

07/14
異特龍 Allosaurus

身為成功的食腐動物和獨居性的掠食者，異特龍雖然體型巨大，但奔跑速度卻低於每小時30公里，因此有一些迅速、靈活的獵物可以順利逃脫異特龍的追擊。

時代	晚侏羅紀
科屬	異特龍科
食性	肉食性
體長	9.5公尺
體重	2.5噸
發現地	歐洲、北美洲

07/15
恐ㄎㄨㄥˇ爪ㄓㄠˇ龍ㄌㄨㄥˊ Deinonychus

如果有一種會特別令人感到害怕的恐龍，那必定是恐爪龍！這種靈活的掠食者會成群地狩獵，體型大約和美洲獅一樣大。恐爪龍會利用強健的腿部和顎部來掠倒大型獵物。長12公分、形如鐮刀的「恐怖爪子」（第二趾爪），有助於躍上獵物而攻擊時，迅速割開獵物的皮與肉。

時代	早白堊紀
科屬	馳龍科
食性	肉食性
體長	3.4公尺
體重	70公斤
發現地	北美洲

07/16
腱龍 Tenontosaurus

腱龍擁有超過身體一半長度且厚實的尾巴，具有靈活的頸部和角質喙，有助於摘取喜歡吃的樹葉。雖然成群移動可以提供這種愛好和平的恐龍一些保護，但不幸的是其奔跑速度無法快速到能夠逃脫一群飢腸轆轆的恐爪龍。

時代	早白堊紀
科屬	腱龍科（凹齒龍類）
食性	植食性
體長	7公尺
體重	1噸
發現地	北美洲

07/17
仁欽龍 Rinchenia

這種恐龍的化石在蒙古被發現。起初被誤認為是一隻偷蛋龍（參閱p.86），因為牠們的體型大小相似，並且都有高高的圓頂頭盔。然而，仁欽龍最終被確定為是同一家族中一個不同但相近的屬。

時代	晚白堊紀
科屬	偷蛋龍科
食性	雜食性
體長	1.7公尺
體重	2.5公斤
發現地	亞洲

07/18
匈牙利龍 Hungarosaurus

這是一種中等大小的甲龍類恐龍，身上覆蓋著硬骨質的鎧甲，可以保護自己免受攻擊。牠們生活在氾濫平原上，並以低矮的植物為食。

時代	晚白堊紀
科屬	結節龍科
食性	植食性
體長	4.5公尺
體重	800公斤
發現地	歐洲

07/19
南方盜龍 Austroraptor

儘管是馳龍科裡數一數二大的種類，但南方盜龍的前肢相對較小。他們狹長的口吻部裡有著圓錐狀的牙齒，而非典型馳龍科中、用來捕捉中大型獵物的鋸齒邊緣牙齒。圓錐狀牙齒有助於緊緊咬住小型動物、魚類和翼龍等。其名字所稱的「南方的劫掠者」可能也會以屍體為食。

時代	晚白堊紀
科屬	馳龍科
食性	肉食性
體長	6公尺
體重	400公斤
發現地	南美洲

07/20
蘭州龍 Lanzhousaurus

時代	早白堊紀
科屬	接近禽龍科（同屬直拇指龍類）
食性	植食性
體長	10公尺
體重	6噸
發現地	亞洲

這種名字稱為「蘭州來的蜥蜴」的恐龍擁有超大的下頜，可超過一公尺。除了大長嘴之外，嘴巴深處用來輾磨食物的牙齒也非常大，是目前已知的植食性恐龍裡最大的牙齒。現在尚不清楚這是否因為蘭州龍是以特定的植物為食。

119

以海洋維生的中生代爬行動物

在恐龍的時代裡，海洋中也有著巨大無比的海洋爬行動物，蛇頸龍和上龍是侏儸紀時期中型和大型的掠食者，到了白堊紀末期，則是由滄龍接管海中霸主的角色。

07/21
克柔龍 Kronosaurus

這是一種兇猛的掠食者，具有流線型的身體、修長的頭部和短頸，克柔龍甚至會吃掉自己家族中較小的成員。

時代	早白堊紀
科屬	上龍科
食性	肉食性
體長	11公尺
體重	13噸
發現地	澳洲

07/22
上龍 Pliosaurus

上龍擁有長達30公分的大牙齒，獵物以魷魚、菊石和魚類為主，牠們也能輕鬆應付蛇頸龍和魚龍。

時代	晚侏羅紀
科屬	上龍科
食性	肉食性
體長	8公尺
體重	5噸
發現地	歐洲、南美洲

*審註：大名鼎鼎的掠食者即馮氏上龍，一開始推估的體型有15公尺長、45噸重，後來發現明顯高估。目前研究認為，馮氏上龍體長約在11公尺。

07/23
蛇頸龍 Plesiosaurus

蛇頸龍會使用鰭肢來操控方向，加速和減速，會在水中追逐魚類、魷魚和其他海洋生物，並且直接將獵物吞下肚。

時代	早侏羅紀
科屬	蛇頸龍科
食性	肉食性
體長	3.5公尺
體重	400公斤
發現地	歐洲

07/24
滄龍 Mosasaurus

滄龍或許是所有海洋爬行動物中最致命的，與今日生活在陸地上的巨蜥（例如科摩多龍）有密切關係。滄龍以鯊魚、魚類以及其他滄龍為食，也會從空中抓住翼龍。牠們的下顎中間多了一個額外的關節，使之能夠把獵物整個吞下。

時代	晚白堊紀
科屬	滄龍科
食性	肉食性
體長	12公尺
體重	10噸
發現地	歐洲、北美洲

07/25
切齒魚龍 Temnodontosaurus

這種體型龐大的深海魚龍擁有直徑20公分的大眼睛。當切齒魚龍深潛時，雙眼會受到稱為鞏膜骨環的薄版骨片所保護。這個構造在許多魚龍、翼龍和恐龍身上亦存在。

時代	早侏羅紀
科屬	切齒魚龍科
食性	肉食性
體長	9公尺
體重	6噸
發現地	歐洲

07/26
薄版龍 Elasmosaurus

支撐薄版龍小小頭部的頸部，可能是所有動物中最長的，因為有著超過70節的頸椎骨。牠們也很可能是小魚的伏擊掠食者。

時代	晚白堊紀
科屬	薄版龍科
食性	肉食性
體長	10.5公尺
體重	2噸
發現地	北美洲

07/27
通天龍 Tongtianlong

這種長有羽毛的恐龍擁有一個細尖無牙的嘴喙，頭頂有著聳起的骨質頭盔。這個頭盔可能作為展示使用，也可以吸引異性或威嚇競爭對手。

時代	晚白堊紀
科屬	偷蛋龍科
食性	雜食性
體長	2公尺
體重	17公斤
發現地	中國

07/28
橋灣龍 Qiaowanlong

這種巨大的恐龍有著沉重前肢和肩膀，用來支撐著高達6公尺的頸部，其長脖子有助於找尋美味葉子。橋灣龍生活在現今中國的森林中。

時代	早白堊紀
科屬	盤足龍科
食性	植食性
體長	12公尺
體重	6噸
發現地	亞洲

07/29
甲龍 Ankylosaurus

這種裝甲恐龍如同坦克一般堅固，且尾部末端有個重達50公斤的尾錘，能夠擊碎大多數掠食者的牙齒或造成頭部損傷。

時代	晚白堊紀
科屬	甲龍科
食性	植食性
體長	8公尺
體重	6噸
發現地	北美洲

07/30
叉龍 Dicraeosaurus

這種植食性動物頸背上的長刺可能是一種防禦機制,使得像斑龍(參閱p.55)這樣的掠食者難以咬住牠們。

時代	晚侏羅紀
科屬	叉龍科
食性	植食性
體長	14公尺
體重	5噸
發現地	非洲

07/31
巴哈利亞龍 Bahariasaurus

儘管牠不是棲息地中最大的肉食性恐龍,但這種超大型掠食者仍是兇猛掠食者。巴哈利亞龍的奔跑速度很快,但在現今的埃及地區若遇到鯊齒龍(參閱p.66)的攻擊與追逐時,可能無法倖存。

時代	晚白堊紀
科屬	巴哈利亞龍科
食性	肉食性
體長	12公尺
體重	4噸
發現地	非洲

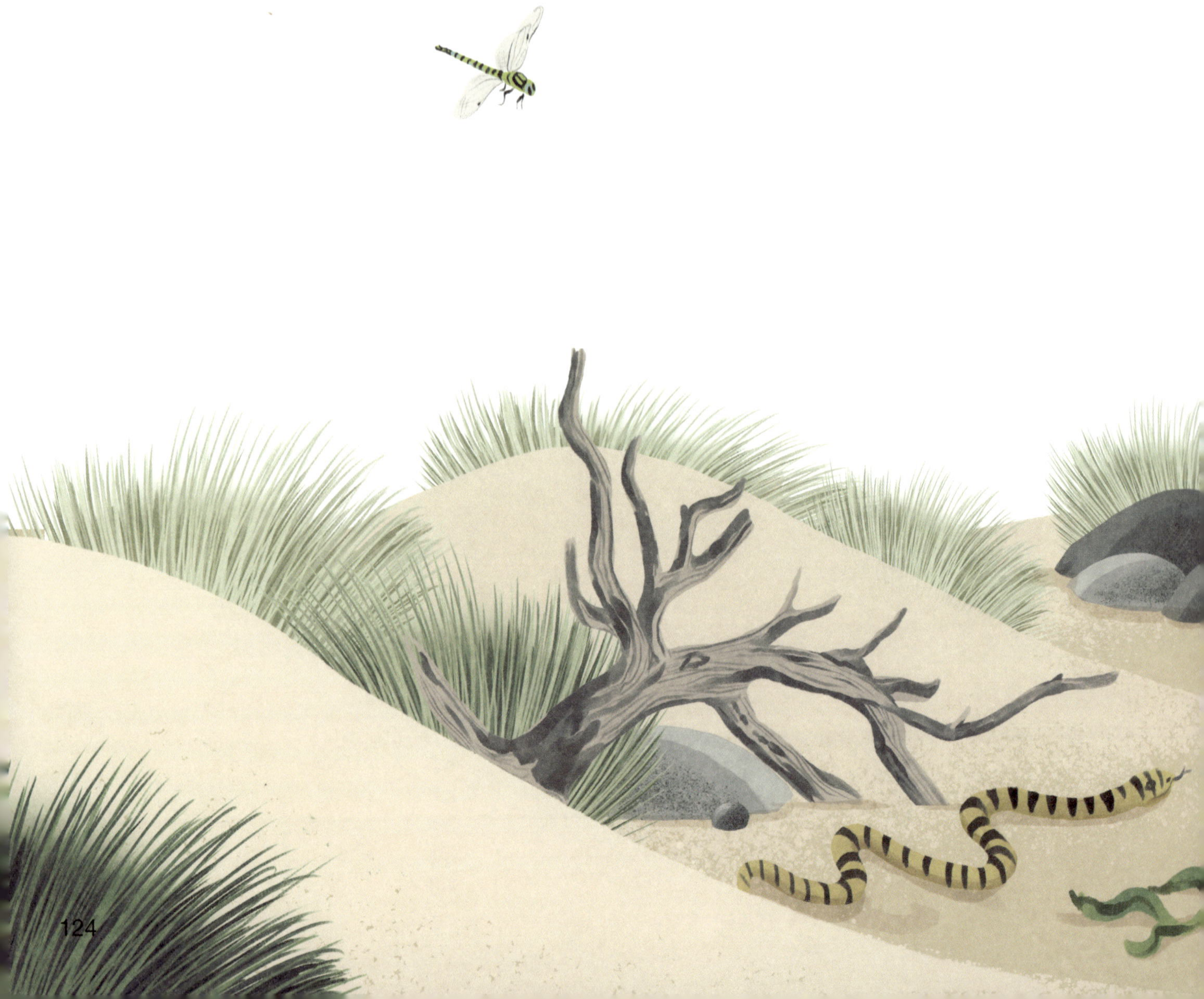

08月ㄩㄝˋ（August）

08/01
漂ㄆㄧㄠ泊ㄅㄛˊ甲ㄐㄧㄚˇ龍ㄌㄨㄥˊ Aletopelta

學名的古希臘文意為「流浪的盾甲」，這種甲龍類的恐龍因為背部負有盾甲、肩上的兩個大尖刺、沿著側面的棘刺及尾部的尾錘，受到了很完善的保護，因而可以擊退許多掠食者。牠們是該家族裡屬中等體型的成員。具有如葉狀般的牙齒，有利於咬碎植物。

時代	晚白堊紀
科屬	甲龍科
食性	植食性
體長	5公尺
體重	2噸
發現地	北美洲

08/02
圖ㄊㄨˊ蘭ㄌㄢˊ角ㄐㄧㄠˇ龍ㄌㄨㄥˊ Turanoceratops

這種角龍類恐龍利用喙啄取花朵，用強勁的顎部咀嚼堅硬的植被。以蕨類、蘇鐵以及針葉樹為食。雙眼上方長著一對類似角龍科的長角，但沒有鼻角，因此非屬於「角龍科」。牠的化石出土於現今的烏茲別克，是亞州非常早期的角龍類發現。

時代	晚白堊紀
科屬	角龍超科
食性	植食性
體長	2公尺
體重	175公斤
發現地	亞洲

08/03
醒ㄒㄧㄥˇ龍ㄌㄨㄥˊ Abrictosaurus

為小型二足動物，是其家族的早期成員，既捕獵小動物又覓食腐肉，還可能挖掘植物的根部，會使用吻部前方的鋒利嘴喙來切斷植物。醒龍生活在現今的非洲南部地區。

時代	早侏羅紀
科屬	畸齒龍科
食性	雜食性
體長	約1.2公尺
體重	3公斤
發現地	非洲

08/04
曉龍 Xiaosaurus

學名意為「黎明蜥蜴」，牠們身輕如風，以兩條有著四根趾頭的腿快速移動。生活在大型家族群體中，身影穿梭於森林間，以尋找低矮植物為食，同時避開掠食者。

時代	中侏羅紀
科屬	法布爾龍科（未定）
食性	雜食性
體長	1.2公尺
體重	7公斤
發現地	亞洲

*審註：這是年代上非常早期的鳥臀目恐龍。

08/05
懶爪龍 Nothronychus

這種恐龍具有小型頭部、修長的頸部、手臂末端有著鋒利的長爪。牠們的喙和葉狀牙齒有助於在熱帶叢林中切碎植物。懶爪龍所屬的鐮刀龍類與暴龍類是遠親，都是體型有小也有超巨型種類的類群，不過，鐮刀龍類皆屬植食性恐龍。

時代	晚白堊紀
科屬	鐮刀龍科
食性	植食性
體長	5公尺
體重	1.2噸
發現地	北美洲

08/06
始無冠龍 Acristavus

與大多數其他鴨嘴龍不同，這種恐龍沒有華麗的頭冠，因此拉丁文意為「沒有冠飾的祖父」。牠們居住在現今北美洲的西部，在內陸海道沿岸的氾濫平原中，活動於湖泊和河流周邊。

時代	晚白堊紀
科屬	鴨嘴龍科
食性	植食性
體長	8.5公尺
體重	4噸
發現地	北美洲

08/07
平頭龍 Homalocephale

像其他厚頭龍類一樣,這種恐龍有增厚的頭部,可用來作為頭頂角力或禦敵時的利器(參閱p.148)。不同的是牠們的頭顱骨平坦、呈楔形。牠們的大眼睛擅長察覺危險,大長腿則有助於快速奔跑。平頭龍主要以家族為群體單位,並在現今的蒙古沙漠地區中,覓食當時候是高海拔森林的樹葉和種子。

時代	晚白堊紀
科屬	平頭龍科
食性	植食性
體長	1.8公尺
體重	40公斤
發現地	亞洲

08/08
鱷龍 Suchosaurus

這種恐龍擁有鱷魚般的口吻部和許多鋒利的牙齒,非常適合在河流三角洲中捕捉魚類獵物,牠們還會在陸地上覓食和捕獵小動物。其拉丁文意為「鱷魚蜥蜴」,因為其化石首次被發現時,被誤以為是鱷魚。

*審註:該種恐龍化石較破碎,亦有人認為鱷龍是同時代同地層另一種稱為「重爪龍(參閱p.194)」的恐龍之同物異名。

時代	早白堊紀
科屬	龍科
食性	肉食性
體長	9公尺
體重	2噸
發現地	歐洲

08/09
特提斯鴨龍 Tethyshadros

特提斯鴨龍是迄今發現最完整的化石之一。牠們生活在史前海洋——即當時分隔非洲與歐洲的特提斯洋——的一座小島上。這種鴨嘴龍比大多數同類還要小，可能是因為在島上可食用的植物有限。

時代	晚白堊紀
科屬	鴨嘴龍類（接近鴨嘴龍科）
食性	植食性
體長	3公尺
體重	200公斤
發現地	亞洲

129

擁有羽毛的恐龍

到目前為止發現，許多非鳥類恐龍身上覆蓋著具有毛狀衍生物和類似羽毛的結構，大多數是出現在獸腳類恐龍中，牠們大多數是肉食性恐龍。

08/10 中國鳥龍 Sinornithosaurus

拉丁文意為「中國鳥蜥蜴」，中國鳥龍是早期被發現帶有羽毛的恐龍之一。雖然牠們不會飛行，但卻可以準確地在樹枝間跳躍並獵捕小動物。

時代	早白堊紀
科屬	鴨嘴龍科
食性	肉食性
體長	1.2公尺
體重	5公斤
發現地	亞洲

08/11 庫林達奔龍 Kulindadromeus

這種早期、植食性的帶羽恐龍，有著一雙大長腿，約為火雞體型一般大。牠們住在火山地帶靠近湖泊的環境，地點是今日的西伯利亞一帶。

*審註：10年前發表的庫林達奔龍刷新了古生物學家的思維。原先認為如今日鳥類般的複雜羽毛，只會出現在蜥臀類的獸腳類恐龍身上；鳥臀類僅會有簡單、中空的刺毛。然而，庫林達奔龍作為鳥臀類，四肢基部卻擁有較為複雜的羽毛，與獸腳類恐龍相當。換言之，複雜羽毛的起源，時間可以推到更早以前。

時代	中侏羅紀
科屬	早期鳥臀類
食性	植食性
體長	1.5公尺
體重	2公斤
發現地	亞洲

08/12 彩虹龍 Caihong

這種僅烏鴉大小的恐龍可能具有七彩光澤的羽毛，其拉丁文名字意為「有著大頭冠的彩虹」。牠們會在森林中以四翼滑翔，獵捕小型哺乳動物、蜥蜴和昆蟲。

時代	晚侏羅紀
科屬	近鳥龍科
食性	肉食性
體長	40公分
體重	475公克
發現地	亞洲

08/13
近鳥龍 Anchiornis

這種擁有頭冠的恐龍與雞的大小相似，頭冠上的羽毛是鮮艷的紅色，很容易被發現。儘管牠的翅膀像現代鳥類，但牠並不會飛行。

時代	晚侏羅紀
科屬	近鳥龍科
食性	肉食性
體長	60公分
體重	小於1公斤
發現地	亞洲

*審註：近鳥龍與彩虹龍身上的羽色是具有證據支持的。透過化石裡保存的黑色素體，這種小結晶的立體形狀可以用來推判出羽毛的顏色。

08/14
天宇盜龍 Tianyuraptor

儘管這種恐龍的腳步敏捷，能夠快速地獵捕體型較小的獵物，但這種中型的馳龍科恐龍卻不能像後來的家族成員，例如小盜龍（參閱p.18）那樣滑翔。

時代	晚白堊紀
科屬	馳龍科
食性	肉食性
體長	60公分
體重	20公斤
發現地	亞洲

08/15
曉廷龍 Xiaotingia

這種僅鴿子大小的恐龍，擁有羽毛、叉骨和細長的前肢。儘管科學家對此結論仍有爭議，但曉廷龍可能是最早的鳥類之一。

時代	晚侏羅紀
科屬	近鳥龍科
食性	蟲食性
體長	60公分
體重	800公克
發現地	亞洲

*審註：叉骨是鳥類當中癒合的鎖骨，可以提供振翅飛行時動作的穩定。在鳥類身上較發達，獸腳類恐龍也有，但比例較小。

08/16
始ㄕˇ祖ㄗㄨˇ鳥ㄋㄧㄠˇ Archaeopteryx

在侏羅紀時期，現今的德國地區是由一系列被淺海和潟湖環繞的島嶼所組成，始祖鳥便是生活在此處。始祖鳥可能是今日鳥類的早期祖先之一，牠們能夠滑翔，並利用每個翅膀上的三指長爪爬上樹木，以躲避危險或獵捕小型獵物。

時代	晚侏羅紀
科屬	始祖鳥科
食性	雜食性
體長	50公分
體重	小於2公斤
發現地	歐洲

08/17
韋ㄨㄟˇ氏ㄕˋ鳥ㄋㄧㄠˇ Wellnhoferia

這種恐龍與始祖鳥是近親，牠們的體型稍大、尾巴較短，更像現代鳥類。韋氏鳥生活在現今歐洲西部的森林和潟湖附近，以昆蟲和小動物為食。

時代	晚侏羅紀
科屬	始祖鳥科
食性	雜食性
體長	60公分
體重	1.5公斤
發現地	歐洲

08/18
卡戎龍 Charonosaurus

頭頂上向後彎曲的巨大中空頭冠，可用來發出響亮、巨大的叫聲。卡戎龍吸入的空氣會通過頭冠，其原理就像管樂器一樣。牠們的鳴聲可能是為了警告群體有危險、或是用來吸引和護衛伴侶，又或僅是在和其他恐龍溝通。

時代	晚白堊紀
科屬	鴨嘴龍科
食性	植食性
體長	10公尺
體重	5噸
發現地	亞洲

08/19
法布爾龍 Fabrosaurus

這種體型小巧且輕盈的植食性恐龍，會以群體行動的方式來保護自己。擁有覆蓋角質的嘴喙和小而細尖的牙齒。能夠用兩條腿快速地逃離掠食者。

時代	早侏羅紀
科屬	法布爾龍科（未定）
食性	植食性
體長	1公尺
體重	15公斤
發現地	非洲

*審註：由於化石過於破碎，該種恐龍有科學家認為可能僅是賴索托龍（參閱p.19）的特定族群個體。

134

08/20
氣龍 Gasosaurus

這種恐龍的化石是由中國的一家天然氣公司所發現,因此被賦予了相關的命名。牠有威猛的爪子、巨大的嘴巴、鋒利的牙齒,以及堅硬且細長的尾巴,若需要會甩動尾巴作為武器。

時代	中侏羅紀
科屬	獸腳類的堅尾龍類分支
食性	植食性
體長	4公尺
體重	250公斤
發現地	亞洲

08/21
血王龍 Lythronax

迄今為止發現的最古老的暴龍科物種,這種獸腳類恐龍擁有寬闊的頭骨,以容納強大的下顎肌肉。牠的眼睛像今日的肉食性哺乳動物一樣,朝向前方,這有助於精確鎖定獵物,如鴨嘴龍或甲龍,然後用牠的大而彎曲的牙齒將其咬碎。

時代	晚白堊紀
科屬	暴龍科
食性	肉食性
體長	小於8公尺
體重	小於2.5噸
發現地	北美洲

135

08/22
似象鳥龍 Aepyornithomimus

這種能快速移動的帶羽恐龍，生活在漫天風沙的乾燥環境中，牠們以植物為主食，可能會與同地層的原角龍競爭食物資源。雖然無法飛行，但牠們的翅膀可以用來溝通。

時代	晚白堊紀
科屬	似鳥龍科
食性	植食性
體長	3公尺（推測）
體重	130公斤
發現地	亞洲

08/23
開角龍 Chasmosaurus

這種角龍類恐龍的延長頭盾可以充血，幫助牠散熱來降溫。牠是一種中等體型的植食性恐龍，為了保護自己，會以群體形式一起行動。

時代	晚白堊紀
科屬	角龍科
食性	植食性
體長	5公尺
體重	2噸
發現地	北美洲

08/24
牛角龍 Torosaurus

如果有暴龍威脅到了牛角龍的幼崽或家庭，這種植食性動物可能會利用眼睛上方的一對長犄角來反擊。牠們有著迄今為止陸地動物中最大的頭顱之一，和厚鼻龍（參閱p.89）不分上下。

時代	晚白堊紀
科屬	角龍科
食性	植食性
體長	9公尺
體重	6噸
發現地	北美洲

*審註：曾有一派說法認為牛角龍應是成年或老熟個體的三角龍，然而，由於頭盾上的開孔、頭骨上特徵的比例等，目前認為牛角龍應是不同的種類。

08/25
德拉帕倫特龍 Delapparentia

這種禽龍類恐龍成群地漫遊於現今的西班牙森林、泥灘和沿海沼澤中，覓食低矮的植物和灌木。牠用其巨大的拇指尖刺來防禦掠食者的攻擊，例如重爪龍（參閱 p.194）。

*審註：新的研究認為，德拉帕倫特龍應是禽龍屬的物種，無法自成一屬。

時代	早白堊紀
科屬	禽龍科
食性	植食性
體長	10公尺
體重	3.5噸
發現地	歐洲

小型的植食性恐龍

身為一隻小型恐龍,會有很多理由需要成群結隊地活動。在被許多家庭成員包圍的情況下,能在相對安全的環境中進食、築巢和長途旅行,並遠離掠食者的威脅。

08/26
稜齒龍 Hypsilophodon

這種動作敏捷的二足動物,生活在現今英格蘭南部的林地平原和岸邊地區,牠們會以大群體的方式一起移動。

時代	早白堊紀
科屬	稜齒龍科
食性	植食性
體長	2公尺
體重	20公斤
發現地	歐洲

08/27
侏儒龍 Nanosaurus

這種「侏儒蜥蜴」的小型家庭群體,在晚侏羅紀時期於現今的北美中部地區十分常見。

時代	晚侏羅紀
科屬	侏儒龍科
食性	植食性
體長	2公尺
體重	20公斤
發現地	北美洲

08/28
康塔斯龍 Qantassaurus

其學名是以澳洲航空(Qantas)為名,這是一種速度飛快的二足動物,擁有一雙長腿,且會以小型群體方式移動,並可能在寒冷冬季裡待在地洞中。

時代	早白堊紀
科屬	鳥腳亞目薄板類
食性	植食性
體長	2公尺
體重	45公斤
發現地	澳洲

08/29
加斯帕里尼龍 Gasparinisaura

這種非常小型的群居性恐龍，是現今阿根廷地區很早期挖掘到的鳥腳類恐龍。標本被發現時伴隨著胃石，推測是用於研磨所吃的堅韌植物食材。

時代	晚白堊紀
科屬	鳥腳亞目薄板類
食性	植食性
體長	1.5公尺
體重	13公斤
發現地	南美洲

08/30
橡樹龍 Dryosaurus

異特龍等大型獸腳類恐龍（參閱p.115）是其主要的掠食者，因此橡樹龍需要在棲息的森林和平原上快速地移動。

時代	晚侏羅紀
科屬	橡樹龍科
食性	植食性
體長	3公尺
體重	90公斤
發現地	非洲、北美洲

08/31
帕克氏龍 Parksosaurus

生活在白堊紀晚期充滿眾多中大型掠食者的時代，帕克氏龍能夠聽到低頻的聲音且擁有絕佳的視力，這兩種能力皆有助於察覺到掠食者的接近。

時代	晚白堊紀
科屬	帕克氏龍科
食性	植食性
體長	2.5公尺
體重	50公斤
發現地	北美洲

139

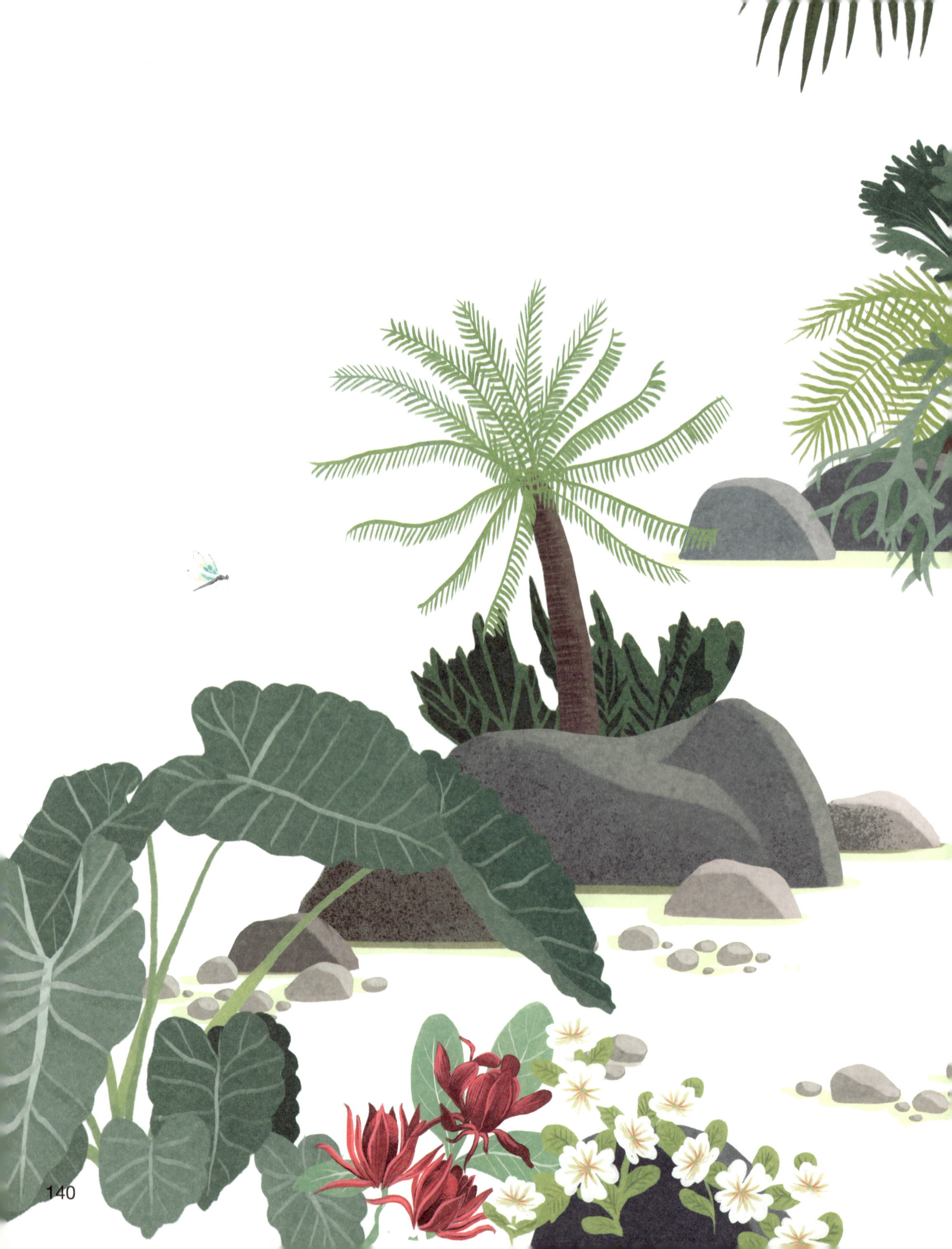

09月（September）

09/01
高頂龍 Acrotholus

這種如大型犬體型的二足恐龍，頭顱上方有一個高聳的圓頂頭盔，由厚達5公分以上的實心骨頭構成。他們是厚頭龍科中已知最早的家族成員之一，會在現今的加拿大森林地區中，尋找喜歡的苔蘚與蕨類植物。

時代	晚白堊紀
科屬	厚頭龍科
食性	植食性
體長	1.8公尺
體重	40公斤
發現地	北美洲

09/02
非(ㄈㄟ)洲(ㄓㄡ)獵(ㄌㄧㄝˋ)龍(ㄌㄨㄥˊ) Afrovenator

這種「非洲獵手」擁有修長且有力的後肢和直挺的尾巴可用來保持平衡,能迅速追擊蜥腳類獵物。牠的強壯手臂帶著利爪,並擁有長達5公分如刀片般的尖牙。

時代	中侏羅紀
科屬	斑龍科
食性	肉食性
體長	7.6公尺
體重	800公斤
發現地	非洲

09/03
激ㄐ一龍ㄌㄨㄥˊ Irritator

這種棘龍類恐龍擁有類似鱷魚的長吻，十分適合在其生活的河口捕捉魚類，牠們還會在陸地上覓食腐肉，並捕捉翼龍。

時代	早白堊紀
科屬	棘龍科
食性	肉食性
體長	7.5公尺
體重	2噸
發現地	南美洲

09/04
大ㄉㄚˋ龍ㄌㄨㄥˊ Magnosaurus

大龍是中型掠食者，會用兩條後肢奔馳以追逐小型獵物。牠們和其他家族成員一樣，也會取食發現的任何死亡動物。

時代	中侏羅紀
科屬	斑龍科
食性	肉食性
體長	4公尺
體重	175公斤（未定）
發現地	歐洲

09/05
無ㄨˊ畏ㄨㄟˋ龍ㄌㄨㄥˊ Dreadnoughtus

這種巨大的泰坦巨龍重達八頭非洲象，擁有11公尺長的脖子和9公尺長的尾巴。牠必須不斷進食，以獲得足夠的養分來支持它的身體，生活在如今南美洲最南端的溫帶森林中。

時代	晚白堊紀
科屬	泰坦巨龍科
食性	植食性
體長	26公尺
體重	36噸
發現地	南美洲

背部擁有骨板的恐龍

植食性的劍龍科恐龍有著沿著背部生長的大型骨板，可以用來嚇阻掠食者或讓同伴識別彼此。劍龍（Stegosaurus）一詞源自希臘文，意為「屋頂蜥蜴」。

09/06
山嶽龍 Adratiklit

這是北非摩洛哥最早發現的裝甲恐龍，可能也是全球最早出現的劍龍類恐龍。這種植食性恐龍的名稱源自當地柏柏爾語，意為「山蜥蜴」。

時代	中侏羅紀
科屬	劍龍科
食性	植食性
體長	7公尺
體重	2噸
發現地	非洲

09/07
似花君龍 Paranthodon

這是非洲第一隻被發現的恐龍種類，其化石於1845年在南非被發現。牠從頸部到尾尖有著一排刺。

時代	早白堊紀
科屬	劍龍科
食性	植食性
體長	5公尺
體重	1噸
發現地	非洲

09/08
華陽龍 Huayangosaurus

這種早期劍龍類恐龍在上頜的最前端有著14顆牙齒，這一特點與後來的劍龍科親戚皆不同。牠們身上的尖刺護甲和肩部的尖刺，可以保護自己免受掠食者的侵害。

時代	中侏羅紀
科屬	華陽龍科
食性	植食性
體長	4.5公尺
體重	850公斤
發現地	亞洲

09/09
西龍 Hesperosaurus

這種裝甲恐龍擁有另一種防禦方式，牠會將尾巴大力地甩動以當做武器，用來對抗像角鼻龍（參閱p.17）這樣的兇猛掠食者。

時代	晚侏羅紀
科屬	劍龍科
食性	植食性
體長	6公尺
體重	2.5噸
發現地	北美洲

09/10
巨刺龍 Gigantspinosaurus

雖然巨刺龍的體型相對較嬌小，但其肩膀上的巨大尖刺是不容忽視的！這一對肩上的大尖刺不僅可以用於防禦，還能用於展示。

時代	晚侏羅紀
科屬	劍龍科
食性	植食性
體長	4.5公尺
體重	225公斤
發現地	亞洲

09/11
銳龍 Dacentrurus

這種體型龐大的恐龍，身上布滿了尖刺！而且其尾部的尖刺前後都有銳利的切割邊緣，能對任何攻擊者造成最大的傷害。

時代	晚侏羅紀
科屬	劍龍科
食性	植食性
體長	8公尺
體重	5噸
發現地	歐洲

09/12
福斯特獵龍 Fosterovenator

此種恐龍與一些駭人的大型獸腳類恐龍住在一塊，例如蠻龍（參閱p.58）、異特龍（參閱p.115），並且會利用快速的步伐逃離險境。然而，牠也可能通過撿食這些掠食者的獵物而飽餐一頓。

時代	晚侏羅紀
科屬	角鼻龍科（未定）
食性	肉食性
體長	2.5公尺
體重	85公斤
發現地	北美洲

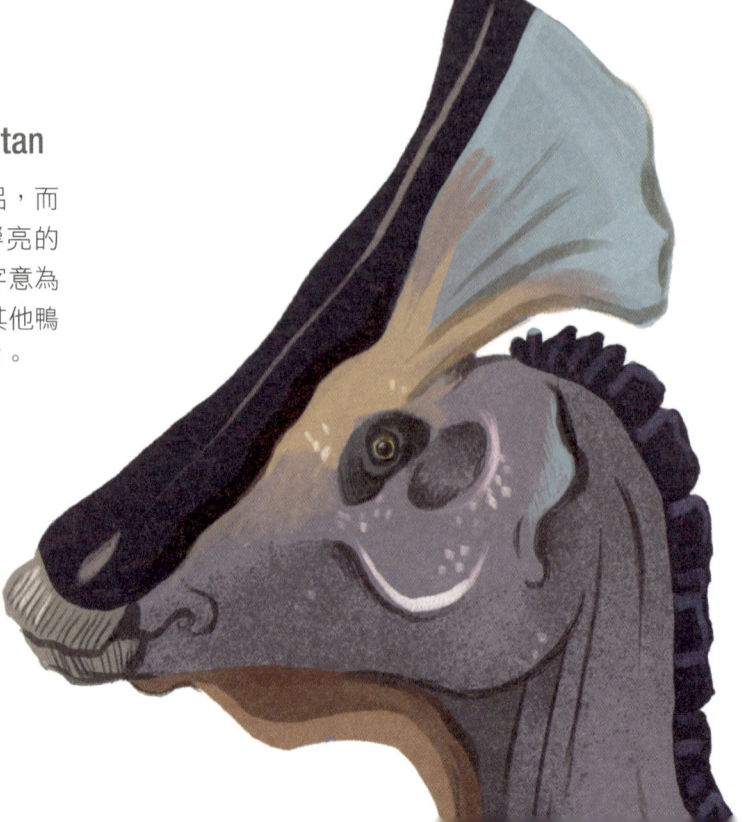

09/13
扇冠大天鵝龍 Olorotitan

非比尋常的鮮豔扇型冠飾可用於吸引伴侶，而且冠飾呈中空狀，這讓牠們可以發出響亮的呼嘯聲來和群體成員溝通。其拉丁文名字意為「天鵝巨人」，指稱牠們較長的頸部，和其他鴨嘴龍類相比多出了3節，頸椎一共有18節。

時代	晚白堊紀
科屬	鴨嘴龍科
食性	植食性
體長	8公尺
體重	3噸
發現地	亞洲

09/14
手ㄕㄡˇ齒ㄔˇ龍ㄌㄨㄥˊ Manidens

這種鴿子大小的雜食性恐龍在下頜前方有一對長長的獠牙,牠的腳趾異常修長,且有彎曲的細長爪子,與現今樹棲性的鳥類相似。牠擁有攀爬樹木的能力,是目前發現的恐龍中最早出現這般習性的例子。

時代	中侏羅紀
科屬	畸齒龍科
食性	雜食性
體長	75公分
體重	小於1公斤
發現地	南美洲

09/15
熱ㄖㄜˋ河ㄏㄜˊ龍ㄌㄨㄥˊ Jeholosaurus

憑藉敏銳的視力和良好的聽力來捕捉危險訊號,熱河龍行動敏捷,能迅速躲避掠食者。牠主要以植物為食,並用後方的牙齒來研磨食物。然而,牠們在頜部前方也有較大顆的強壯牙齒,推測可能也會用來取食小動物或屍骸。

時代	早白堊紀
科屬	熱河龍科
食性	雜食性
體長	1公尺
體重	3公斤
發現地	中國

09/16
厚ㄏㄡˋ頭ㄊㄡˊ龍ㄌㄨㄥˊ Pachycephalosaurus

圖中的兩隻厚頭龍正在為了競爭雌龍而進行頭擊與頭頂角力賽，這種行為類似於現今麝牛在繁殖季節的行為。除了交配時期之外，厚頭龍在其他時間都相當溫和，在亞熱帶的森林沼澤中覓食蕨類和其他開花的灌木植物。

時代	晚白堊紀
科屬	厚頭龍科
食性	植食性
體長	4.5公尺
體重	450公斤
發現地	北美洲

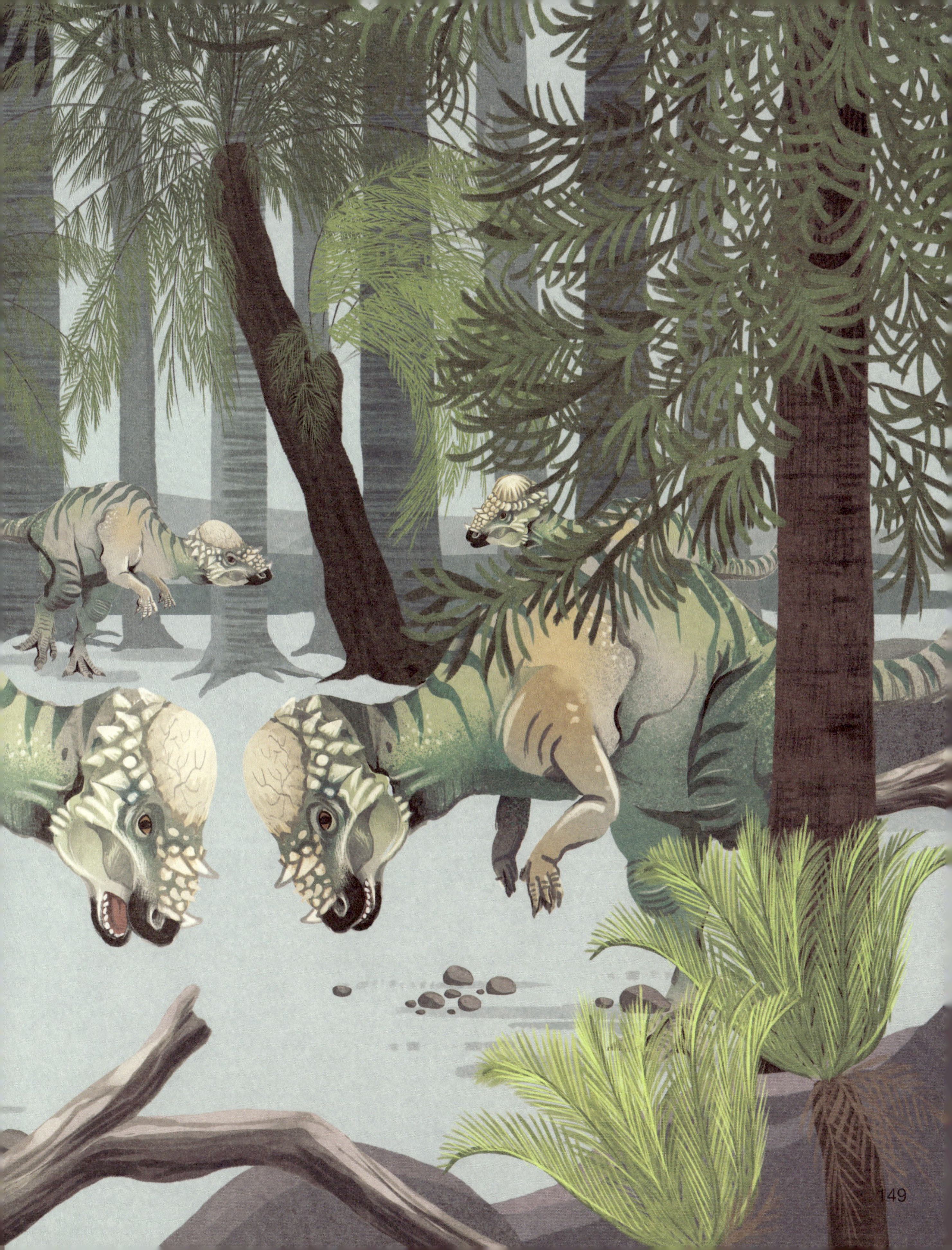

09/17
迷ㄇㄧˊ惑ㄏㄨㄛˋ盜ㄉㄠˋ龍ㄌㄨㄥˊ Apatoraptor

這種恐龍擁有長腿,適合涉水和奔跑,漫遊於熱帶沼澤地尋找牠喜愛的甲殼類動物、魚類和兩棲動物。牠無法飛行,但可能用短臂上的羽毛進行展示。

時代	晚白堊紀
科屬	近頜龍科
食性	雜食性
體長	2公尺
體重	55公斤
發現地	北美洲

150

09/18
棘面龍 Spinops

棘面龍擁有一個巨大的鼻角和兩個雙眼上方的犄角,頭盾最頂端有兩根大長角,並且在中間有兩根如鉤子一般、向前彎曲的小角,這是比較罕見的特徵。作為三角龍的親戚(參閱 p.186),牠是這個家族中等體型的成員之一。生活在如今加拿大的森林中,與群體中的其他成員一起覓食植物。

時代	晚白堊紀
科屬	角龍科
食性	植食性
體長	4.5公尺
體重	1.3噸
發現地	北美洲

09/19
特立尼龍 Trinisaura

這種小型、敏捷的植食性動物,其化石發現於如今南極洲的詹姆斯・羅斯島。牠生活的時代,這片地區沒有冰覆蓋,氣候多變,並且降雨充沛。

時代	晚白堊紀
科屬	鳥腳亞目薄板類
食性	植食性
體長	2公尺
體重	20公斤
發現地	南極洲

09/20
戈壁龍 Gobisaurus

與其家族的後期成員不同,這種早期的甲龍沒有尾端的尾錘。牠的身體裝甲能夠保護其免受像侏儒鯊齒龍等這樣的大型掠食者攻擊。

時代	早白堊紀
科屬	甲龍科
食性	植食性
體長	6公尺
體重	2.5公噸
發現地	亞洲

早期的鳥類

在侏羅紀時期，最早的鳥類從獸腳類恐龍演化而來。然而，在白堊紀時期，不只出現了多種鳥類，還有許多物種變得擅於飛行。

09/21
伊比利亞鳥 Iberomesornis

這種鳥類體型如麻雀，擁有短短的尾骨和修長的尾羽，腳上可對握的腳趾有助於牠們停棲在枝條上。牠們分布於現今的西班牙。

時代	早白堊紀
科屬	伊比利亞鳥科
食性	蟲食性
翼展	20公分
體重	20公克
發現地	歐洲

09/22
黃昏鳥 Hesperornis

是一種大型、食魚性的鳥類，擁有細小的翅膀和接近尾部的雙腿，在陸地上行動笨拙。但在水中，牠是一個迅速而靈活的掠食者。

時代	晚白堊紀
科屬	黃昏鳥科
食性	魚食性
體長	1.8公尺
體重	9公斤
發現地	北美洲、歐洲

09/23
魚鳥 Ichthyornis

名字即為魚加上鳥的意思，外型與現今的一些海鳥非常相似，能在海面上飛行好長一段時間。然而，像牠的祖先一樣，牠的喙裡滿是鋒利的牙齒。

時代	晚白堊紀
科屬	魚鳥科
食性	魚食性
翼展	60公分
體重	500公克
發現地	北美洲

09/24
克拉圖鳥 Cratoavis

色彩豐富的克拉圖鳥在現今的巴西熱帶雨林地區中悠遊飛翔。2015年發表，克拉圖鳥是南美洲早白堊紀時期出土的完整鳥類化石之一。

時代	早白堊紀
科屬	反鳥類（科名未定）
食性	蟲食性
翼展	30公分
體重	4公克
發現地	南美洲

＊審註：反鳥類是中生代非常主流的鳥類類群，伊比利亞鳥亦是其中成員。大多數樹棲，且不少種類有修長、不同形狀的尾羽。現存鳥類的祖先則是來自另外一群稱為「今鳥類」的類群。

09/25
燕鳥 Yanornis

燕鳥是一種強健的飛行者，擁有大型翅膀，牠們能在淺水區捕捉到任何吞得下肚的小魚。燕鳥胃中的胃石可以幫助磨碎食物。

時代	早白堊紀
科屬	松嶺鳥科
食性	魚食性
翼展	80公分
體重	850公克
發現地	亞洲

09/26
甘肅鳥 Gansus

這種鴿子大小的鳥類利用其蹼足在河流和湖泊中推進，將頭部或身體潛入水面以下，以尋找魚類和蝸牛作為食物。

時代	早白堊紀
科屬	早期今鳥類
食性	魚食性
翼展	40公分
體重	110公克
發現地	亞洲

09/27
欒川盜龍 Luanchuanraptor

這種小型、身披羽毛的恐龍,依賴其速度和鐮刀般的第二趾爪來抵禦洪泛平原上的大型掠食者。牠以小型動物為食,也可能會捕魚。牠們可能像其家族中的其他成員,如伶盜龍(參閱p.81),會以群體狩獵來攻克體型較大的獵物。

時代	晚白堊紀
科屬	馳龍科
食性	肉食性
體長	3公尺
體重	4.5公斤
發現地	亞洲

09/28
鳥面龍 Shuvuuia

這個恐龍的體型與火雞相當,擁有短短的手臂,每隻手臂的末端都有一根大型彎曲爪子和兩根較短的手指。這根爪子或許可以用來驅趕敵人,但更多時候是用來扳開樹皮、或鑿開蟻丘,藉此來尋找昆蟲,並用滿是細小牙齒的尖吻進食。牠是快速的奔跑者,有助於從相同棲地內的大型掠食者追擊中逃過一劫。

時代	晚白堊紀
科屬	阿瓦拉慈龍科
食性	蟲食性
體長	1公尺
體重	2.5公斤
發現地	亞洲

09/29
拉金塔龍 Laquintasaura

這種早期恐龍的體型大約與紅狐相當，不過是植食性的動物。牠的體重輕、奔跑速度快。在現今委內瑞拉西部的一處地層中，已發現了多具這種恐龍的化石，這為拉金塔龍曾生活在群體中提供了證據。

時代	早侏羅紀
科屬	早期鳥臀類，可能是裝甲類恐龍（例如後來的劍龍和甲龍）
食性	植食性（或雜食）
體長	1公尺
體重	5公斤
發現地	南美洲

09/30
阿帕拉契龍 Appalachiosaurus

這種暴龍類的恐龍生活在茂密的雨林中，可能是一種伏擊性的掠食者，潛伏待機以突襲獵物。古生物學家曾經發現一具年輕個體的化石，其骨頭上有巨型鱷魚（恐鱷）的齒痕，但傷口已經癒合，顯示這隻恐龍成功逃出鱷口！

時代	晚侏羅紀
科屬	接近暴龍科
食性	肉食性
體長	6.5公尺（年輕個體）
體重	650公斤（年輕個體）
發現地	北美洲

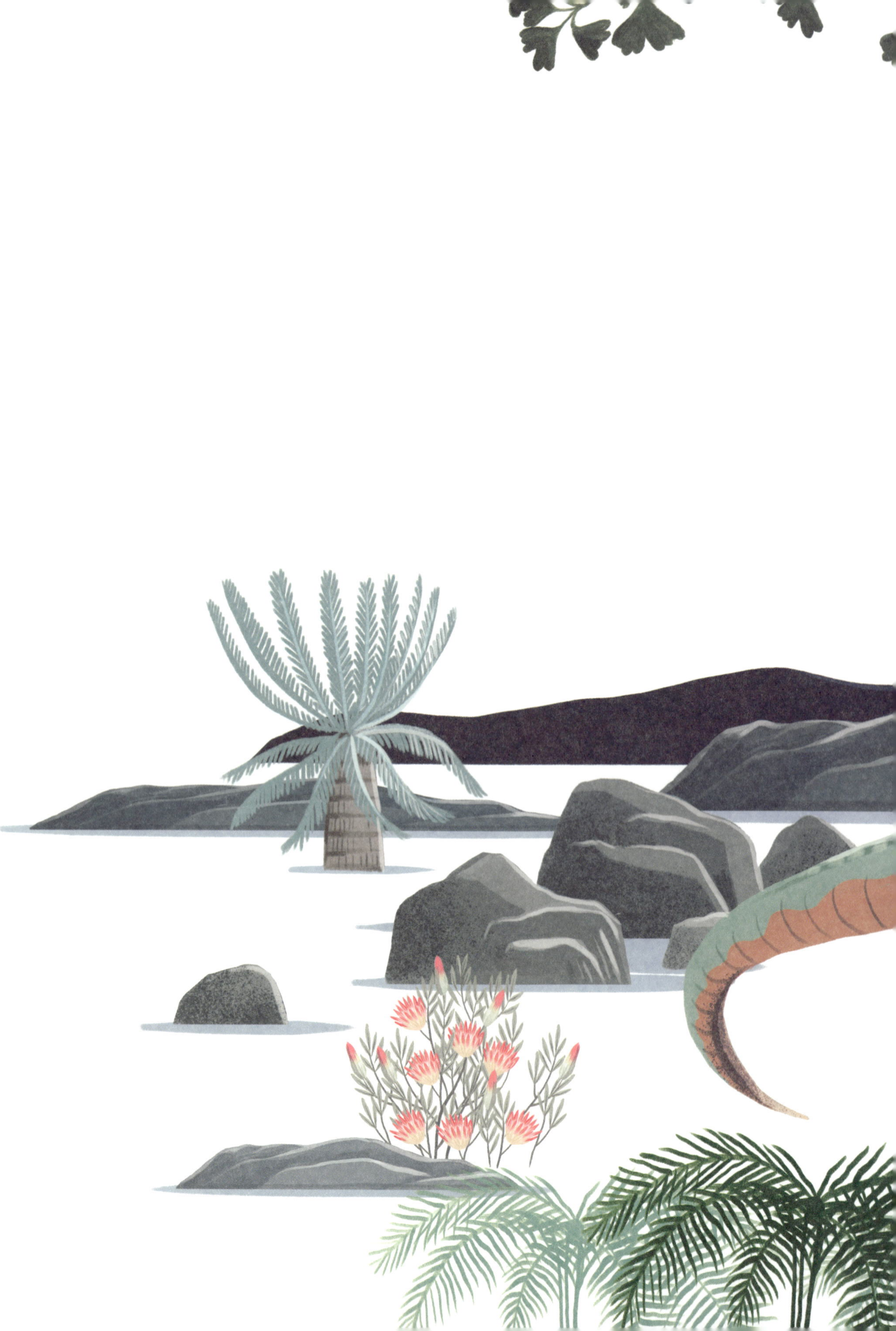

10月（October）

10/01
小頭龍 Talenkauen

是禽龍等鳥腳類大家族中較早期的分支，拉丁文名稱意為「小頭骨」，生活在如今的阿根廷。以牠的體型而言，小頭龍有著較長的脖子，而且與後來的其他種類不同，小頭龍的嘴喙最前端還保有小牙齒，可以用來啃食美味的葉子。

時代	晚白堊紀
科屬	鳥腳亞目薄板類
食性	植食性
體長	4公尺
體重	65公斤
發現地	南美洲

10/02
西峽爪龍 Xixianykus

這些迷你的獸腳類恐龍非常擅於奔跑,腿長就有25公分,是體長的一半長。牠們能在出沒的森林與開放平原上跑贏多數掠食者。牠們短而強壯的手臂末端有巨大的爪子,可以用來挖掘昆蟲。

時代	晚白堊紀
科屬	阿瓦拉慈龍科
食性	蟲食性
體長	50公分
體重	500公克
發現地	亞洲

10/03
飾頭龍 Goyocephale

當飾頭龍露出上下頜前端的大尖牙,可能會嚇跑大多數前來攻擊的敵人。如果這樣還無法奏效,飾頭龍則會用堅固的頭顱向對方發動頭擊。

時代	晚白堊紀
科屬	厚頭龍科
食性	植食性
體長	2公尺
體重	40公斤
發現地	亞洲

10/04
前ㄑㄧㄢˊ似ㄙˋ鴕ㄊㄨㄛˊ龍ㄌㄨㄥˊ Rativates

這種類似鴕鳥的獸腳類恐龍化石於現今的加拿大地區出土。牠以強壯的雙腿快速奔跑，追捕小型動物和昆蟲，並將其整個吞下──牠的喙狀嘴巴沒有牙齒。反過來，牠也是其他大型肉食恐龍的獵物，例如蛇髮女怪龍（參閱p.35）。

時代	晚白堊紀
科屬	似鳥龍科
食性	雜食性
體長	3.5公尺
體重	95公斤
發現地	北美洲

10/05
長ㄔㄤˊ羽ㄩˇ盜ㄉㄠˋ龍ㄌㄨㄥˊ Changyuraptor

這種老鷹體型的馳龍科恐龍，如同小盜龍（參閱p.18）、中國鳥龍（參閱p.130）、天宇盜龍（參閱p.131），都是腿部擁有羽毛的四翼恐龍。長羽盜龍擁有已知最長的尾羽，單根尾羽長達1/3骨架長度。牠能快速且靈活地在空中移動，追逐森林中的昆蟲和其他獵物。

時代	早白堊紀
科屬	似鳥龍科
食性	肉食性
體長	1.3公尺
體重	4公斤
發現地	亞洲

10/06
巴ㄅㄚ思ㄙ缽ㄅㄛ氏ㄕˋ龍ㄌㄨㄥˊ Barsboldia

這種鴨嘴龍可能擁有一個大鼻腔,能夠發出低沉的聲音,用來向群體其他成員傳達訊息。牠們可能也和其他鴨嘴龍類一樣,擁有數百顆能不斷更換的牙齒,用於磨碎食物。

時代	晚白堊紀
科屬	鴨嘴龍科
食性	植食性
體長	10公尺
體重	3.5噸
發現地	亞洲

*審註:該種恐龍目前仍未發現頭骨,許多生態習性的描述是透過其他相近體型的鴨嘴龍類來推估。

10/07
鑄ㄓㄨˋ鐮ㄌㄧㄢˊ龍ㄌㄨㄥˊ Falcarius

這種動作緩慢的恐龍像一隻史前地懶,是目前已知最早期的鐮刀龍類成員。在2001年至2005年間,猶他州發現了兩個擁有數百具化石的巨大化石墓地,因此推測牠們可能是因某種突發災難而喪生,可能是被火山泉中的有毒氣體毒死的。

時代	早白堊紀
科屬	鐮刀龍下目
食性	雜食性
體長	4公尺
體重	100公斤
發現地	北美洲

*審註:同一個類群的懶爪龍(參閱p.127)、鐮刀龍等,皆是白堊紀晚期才出現的物種,牠們體型更大,鐮刀龍甚至可重達5公噸。

10/08
西(ㄒㄧ)雅(ㄧㄚˇ)茨(ㄘˇ)龍(ㄌㄨㄥˊ) Siats

通常動作緩慢的西雅茨龍能夠在短距離內快速奔跑,以捕捉蜥腳類的獵物。牠們也會在西部內陸海域的海岸邊搜尋腐肉,這是白堊紀一個從墨西哥延伸到加拿大的古老淺海海洋區域。對於美國原住民尤特部落來說,西雅茨是一種會吃人的神話怪物。

時代	晚白堊紀
科屬	新獵龍科(未定)
食性	肉食性
體長	10公尺
體重	4噸
發現地	北美洲

擁有厚頭顱的恐龍

厚頭龍科恐龍因頭部有特別厚實的顱骨而得名，甚至有一些顱骨超過20公分厚。牠們經常會用頭部互相推撞，以爭奪雌性（參閱p.148）或驅趕掠食者。

10/09
結頭龍 Colepiocephale

這種小型二足恐龍是厚頭龍科裡較為早期的成員。像其他厚頭龍物種一樣，獨特的頭部形狀有助於物種之間的辨識。

時代	晚白堊紀
科屬	厚頭龍科
食性	植食性
體長	1.8公尺
體重	32公斤
發現地	北美洲

10/10
漢蘇斯龍 Hanssuesia

漢蘇斯龍的厚腦殼上的圓頂構造寬大，與同類的其他恐龍一樣，這個圓頂會隨著恐龍的年紀而增大。雄性擁有比雌性更大的圓頂腦殼。

時代	晚白堊紀
科屬	厚頭龍科
食性	植食性
體長	2公尺
體重	50公斤
發現地	北美洲

10/11
劍角龍 Stegoceras

這種恐龍擁有短小的前肢和一條大型的堅硬尾巴，當牠奔跑時，頭部和頸部保持與地面平行。其體型輕盈，頭顱周圍有節瘤，頭顱厚度可達8公分。

時代	晚白堊紀
科屬	厚頭龍科
食性	植食性
體長	2公尺
體重	50公斤
發現地	北美洲

10/12
德克薩斯頭龍 Texacephale

這種植食性恐龍因其化石發現於美國德克薩斯州，因此拉丁文名稱為「德克薩斯」結合「頭」的意思。牠生活在群體中，在其棲息的沿岸沼澤中覓食植物和種子。

時代	晚白堊紀
科屬	厚頭龍科
食性	植食性
體長	2公尺
體重	45公斤
發現地	北美洲

*審註：德克薩斯頭龍的身分也有可能是劍角龍，稱為分類學上的同物異名。

10/13
冥河龍 Stygimoloch

冥河龍擁有該家族最不尋常的頭部，聳起的骨質尖刺長達10公分，可能用於吸引雌性或抵禦其他雄性。其拉丁文名字意思為「來自冥河的惡魔」。

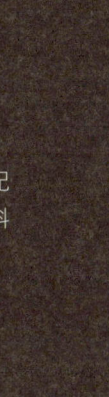

時代	晚白堊紀
科屬	厚頭龍科
食性	植食性
體長	3.5公尺
體重	80公斤
發現地	北美洲

*審註：有科學家認為，由於出土地層和年代相同，再加上化石中動物的年紀有別。冥河龍與另外一種體型更小的龍王龍（Dracorex）可能為厚頭龍（參閱p.148）的亞成年與幼年個體。表示厚頭龍隨著不同的年紀或性別，而有不一樣頭顱結構。

10/14
傾頭龍 Prenocephale

傾頭龍的化石出土自蒙古，其頭骨狀態保存完好，牠們可能是以果實和葉子為食的群居動物。大多數厚頭龍的化石發現於北美洲，而傾頭龍、平頭龍（參閱p.128）、飾頭龍（參閱p.158）則來自於亞洲。傾頭龍的圓頂狀頭顱邊緣還有一條突起的骨脊。

時代	晚白堊紀
科屬	厚頭龍科
食性	植食性
體長	1.7公尺
體重	50公斤
發現地	亞洲

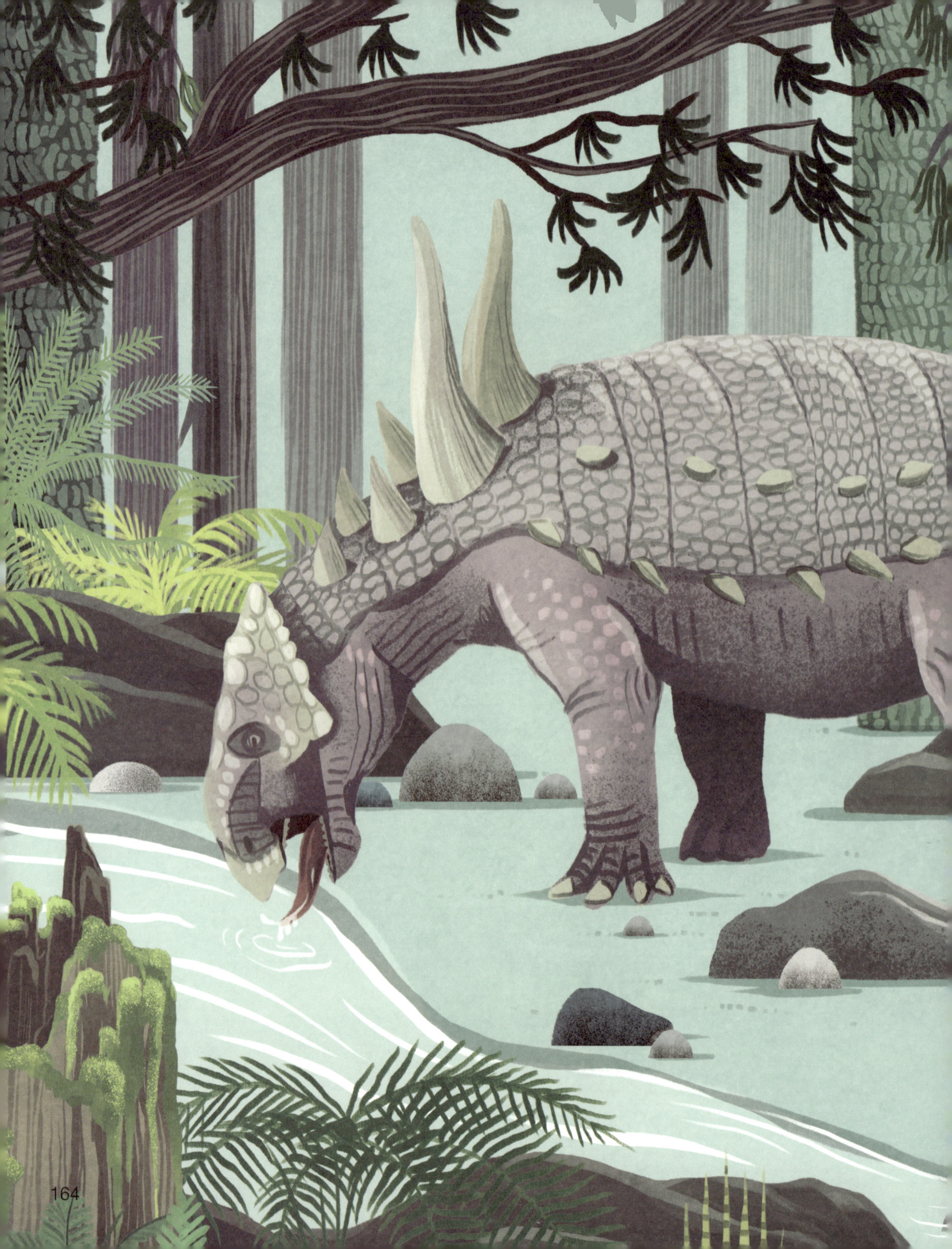

10/15
南極甲龍 Antarctopelta

這是冰冷的南極大陸出土的第一種裝甲類恐龍，活動於當時潮濕而茂密的森林之中。牠的背部和側面有堅固的鎧甲以及可怕的尖刺，為牠提供了良好的保護。

時代	晚白堊紀
科屬	甲龍亞目的副甲龍類
食性	植食性
體長	4公尺
體重	300公斤
發現地	南極洲

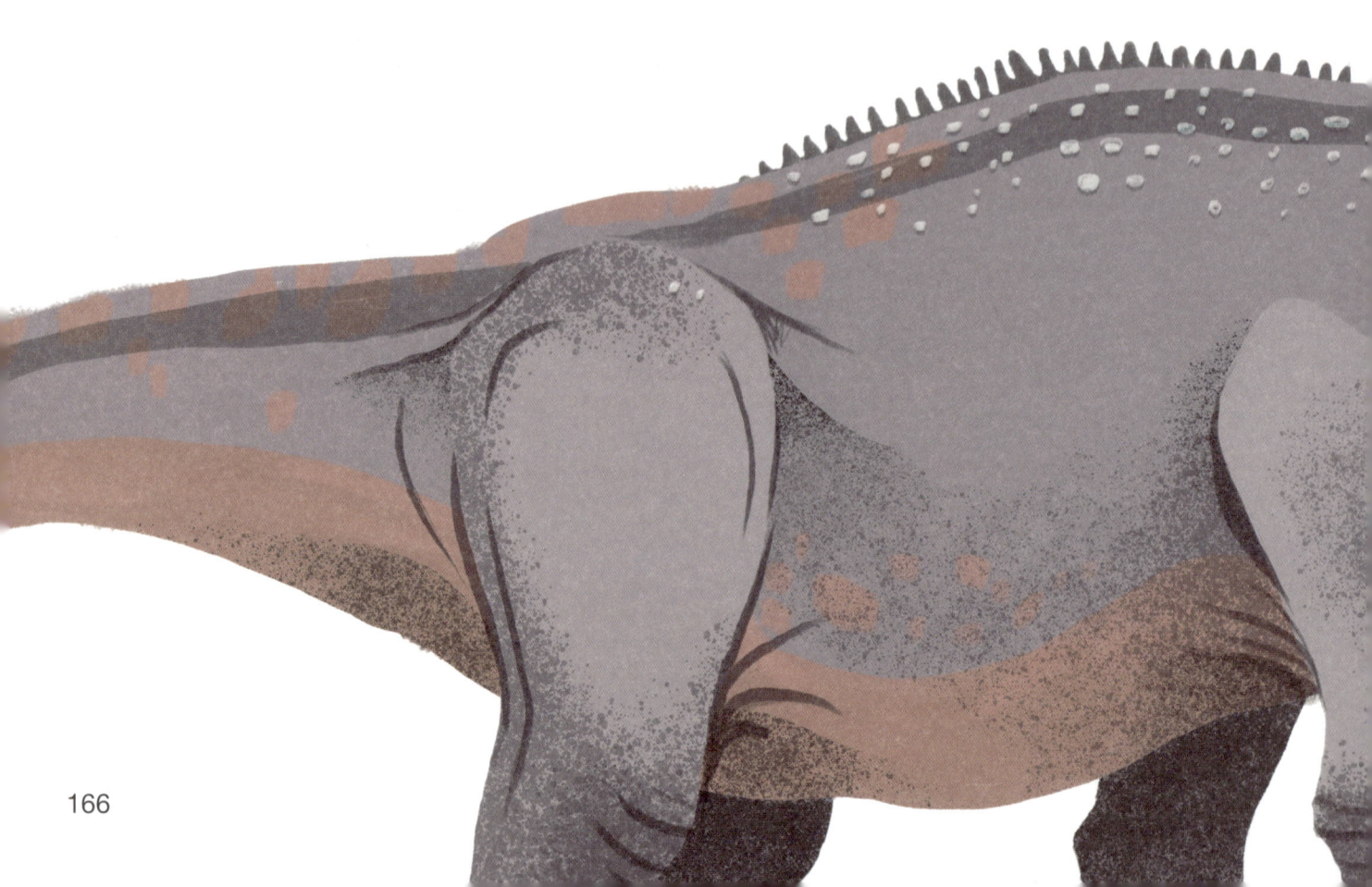

10/16
大鼻角龍 Nasutoceratops

這種恐龍擁有大鼻子和超長的額頭上犄角,與其他短額角的尖角龍類物種相當不同。牠們以群居方式生活尋找食用的植物。牠們曾生活在名為拉米迪亞的大陸沼澤地帶,現在是北美洲西側的位置。

時代	晚白堊紀
科屬	角龍科
食性	植食性
體長	4.5公尺
體重	1.5噸
發現地	北美洲

166

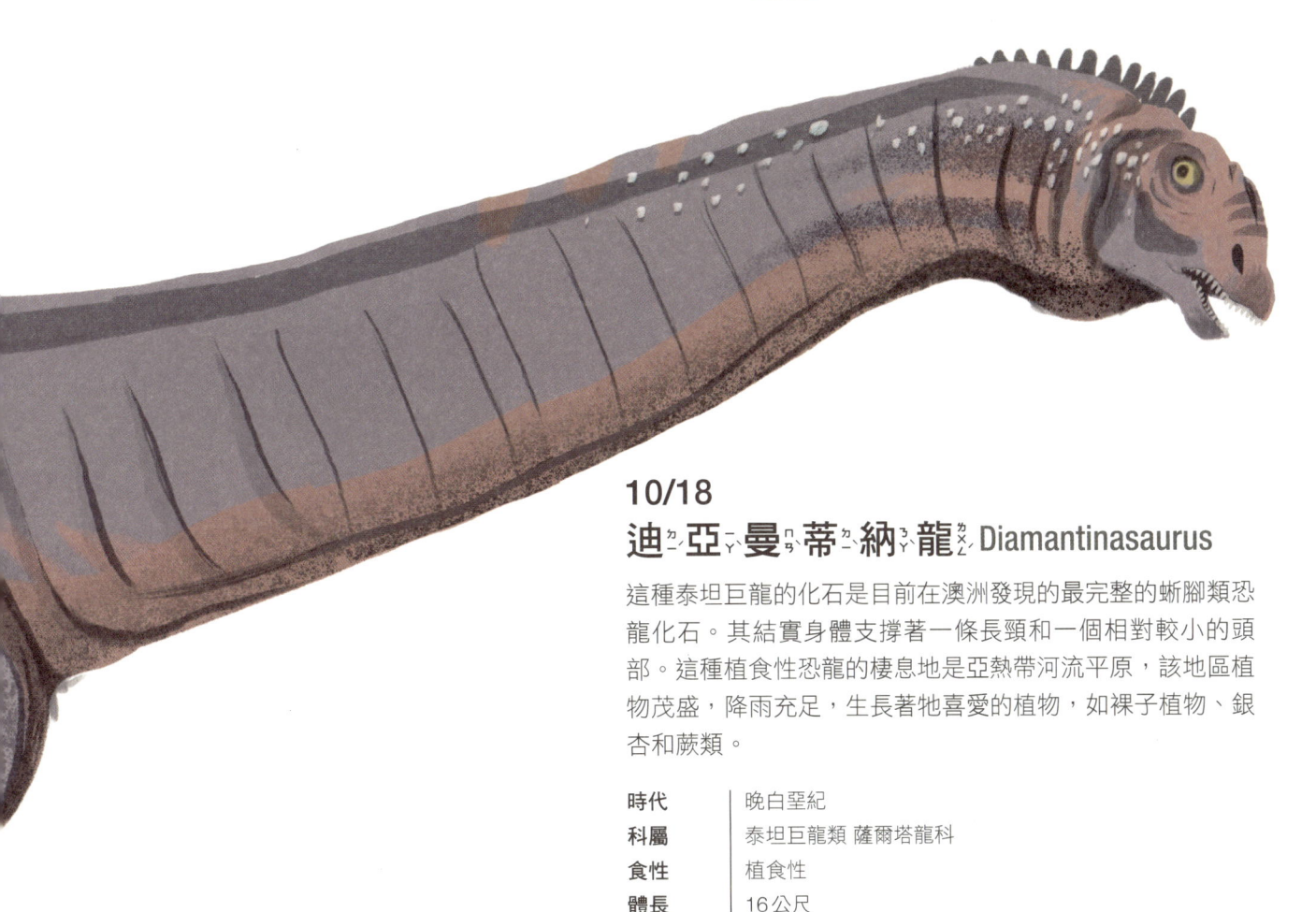

10/17
何信祿龍 Hexinlusaurus

這種恐龍生活在現今的中國地區，棲居在茂密的森林和寬闊的河流旁，並以龐大的群體移動。牠們會用短而喙狀的口吻部取食低矮的植物，並用嘴巴內深處的牙齒來咀嚼。雖然牠體型小巧但速度快，如果遇到氣龍（參閱 p.135）這樣的掠食者出現，能迅速逃跑。

時代	中侏羅紀
科屬	早期新鳥臀類
食性	植食性
體長	1.8公尺
體重	30公斤
發現地	亞洲

10/18
迪亞曼蒂納龍 Diamantinasaurus

這種泰坦巨龍的化石是目前在澳洲發現的最完整的蜥腳類恐龍化石。其結實身體支撐著一條長頸和一個相對較小的頭部。這種植食性恐龍的棲息地是亞熱帶河流平原，該地區植物茂盛，降雨充足，生長著牠喜愛的植物，如裸子植物、銀杏和蕨類。

時代	晚白堊紀
科屬	泰坦巨龍類 薩爾塔龍科
食性	植食性
體長	16公尺
體重	20噸
發現地	澳洲

10/19
江⟨ㄐㄧㄤ⟩西⟨ㄒㄧ⟩龍⟨ㄌㄨㄥˊ⟩ Jiangxisaurus

這是一種小型、有羽毛的獸腳類恐龍，其頭顱短又窄，擁有無齒的嘴喙，可用來壓碎牠所吃的軟體動物和堅硬的食物。牠的前肢有三根指頭，帶有彎曲的爪子。

時代	晚白堊紀
科屬	偷蛋龍科
食性	雜食性
體長	2公尺
體重	40公斤
發現地	亞洲

10/20
棒⟨ㄅㄤˋ⟩爪⟨ㄓㄠˇ⟩龍⟨ㄌㄨㄥˊ⟩ Scipionyx

棒爪龍是一個小型但敏捷的獵手，會捕食任何牠能抓到的生物，包括昆蟲、蜥蜴和魚類。牠也需要速度來躲避類似鱷魚的爬行動物和更大型的恐龍。

時代	早白堊紀
科屬	美頜龍科
食性	雜食性
體長	45公分
體重	小於3公斤
發現地	歐洲

*審註：由於化石僅來自幼年恐龍，分類上仍有不同的說法。

10/21
南陽龍 Nanyangosaurus

這種早期的鴨嘴龍群居生活，雖然可以用後腿站立摘取較高、更美味的葉子，但牠通常利用其口吻部前方的嘴喙來啃食低矮的植物。值得一提的是，除了南陽龍，中國河南省的南陽地區也出土了數以萬計的恐龍蛋化石，從雞蛋大到飯碗那麼大都有，是非常珍貴的研究樣區。

時代	早白堊紀
科屬	鴨嘴龍科
食性	植食性
體長	5公尺
體重	1.3噸
發現地	亞洲

10/22
雙子盜龍 Geminiraptor

作為傷齒龍（參閱p.14）、中國獵龍（參閱p.81）等近親，雙子盜龍同樣擁有比例上較小、而尖的頭部，以及同樣較大的腦部。牠們的大眼睛和利爪有助於發現並捕捉小型獵物。牠的上顎內部構造獨特，有大體積的氣腔，有些科學家認為與發出聲音有關。

時代	早白堊紀
科屬	傷齒龍科
食性	肉食性
體長	1.5公尺
體重	約5公斤
發現地	北美洲

10/23
舞龍 Wulong

這種身形小巧如烏鴉大小的恐龍，擁有一條長度是體長兩倍的尾巴、和布滿尖牙的狹長臉蛋，因此牠的名字「舞龍」也就不足為奇了。舞龍無法振翅飛行，但能在生活的森林中從一棵樹滑行到另一棵樹。

時代	早白堊紀
科屬	馳龍科
食性	肉食性
體長	75公分
體重	600公克
發現地	亞洲

*審註：舞龍如同長羽盜龍（參閱p.159）屬於馳龍科的小盜龍分支，為四翼恐龍。研究發現，出土化石為一歲大的幼龍，但在前肢、後肢及尾部羽毛有虹彩色澤，軀幹則是灰色為主的顏色。因此，右圖的體色僅供參考。

10/24
皮薩諾龍 Pisanosaurus

這種小型植食性恐龍的化石是在現今的阿根廷發現的。這是迄今為止發現的最古老的植食性恐龍之一。與後來的遠親不同，牠的身體輕巧，並以二足行走。擁有緊密排列的牙齒，用來進食柔軟的低矮植物。

時代	晚侏羅紀
科屬	皮薩諾龍科（早期鳥臀目）
食性	植食性
體長	1公尺
體重	約4公斤
發現地	南美洲

10/25
棘ㄐㄧˊ甲ㄐㄧㄚˇ龍ㄌㄨㄥˊ Acanthopolis

這種低矮、行動緩慢的四足恐龍,從頭部、頸部、背部和尾部都受到堅硬鎧甲骨板的良好保護,可以抵禦兇猛的掠食者。然而,結節龍科與晚期的甲龍科不同,他們缺乏棒狀且末端膨大的尾錘。這種恐龍活動的區域約在現今的西歐森林中。

時代	晚白堊紀
科屬	結節龍科
食性	植食性
體長	4公尺
體重	380公斤
發現地	歐洲

有如暴君的恐龍

這個迷人的恐龍家族,在晚侏儸紀的早期成員是小型的肉食性恐龍,但牠們的後代在白堊紀時期迅速崛起,成為一些當時最兇猛的霸主。

10/26
分支龍 Alioramus

拉丁文意思為「其他(演化上)的分支」的分支龍,擁有狹長的吻部、以及非常靈敏的嗅覺,可以幫助牠在生活的洪水平原上,找到蜥腳類或鴨嘴龍的群體或是遺骸來獵食。

時代	晚白堊紀
科屬	暴龍科
食性	肉食性
體長	5.5公尺
體重	500公斤
發現地	亞洲

10/27
懼龍 Daspletosaurus

這種可怕、骨骼厚重的暴龍類恐龍擁有碩大且彎曲的牙齒,邊緣有鋸齒、就像牛排刀一樣,可以輕易從骨頭上切割下肉塊。拉丁文名字意為「可怕的蜥蜴」。

時代	晚白堊紀
科屬	暴龍科
食性	肉食性
體長	9公尺
體重	3噸
發現地	北美洲

10/28
怪獵龍 Teratophoneus

這種暴龍類恐龍擁有強大的顎部肌肉,能夠發揮驚人的咬合力,這對於擊退牠們棲地內巨型的短吻鱷(恐鱷)至關重要。

時代	晚白堊紀
科屬	暴龍科
食性	肉食性
體長	6.5公尺
體重	1.2噸
發現地	北美洲

10/29
白熊龍 Nanuqsaurus

這種肉食性恐龍的化石是在如今的阿拉斯加發現的，牠是唯一在這麼北方地區發現的暴龍類恐龍。在當時，這片地區的氣候相對溫暖。

時代	晚白堊紀
科屬	暴龍科
食性	肉食性
體長	7公尺
體重	1.3噸
發現地	北美洲

10/30
祖母暴龍 Aviatyrannis

作為暴龍這個家族的早期成員，這種嬌小的二足恐龍行動敏捷，更有可能是其他掠食者的獵物，但這並未阻止牠獵捕小型動物來作為食物。

時代	晚侏羅紀
科屬	暴龍超科（未定）
食性	肉食性
體長	1.2公尺
體重	5公斤
發現地	北美洲

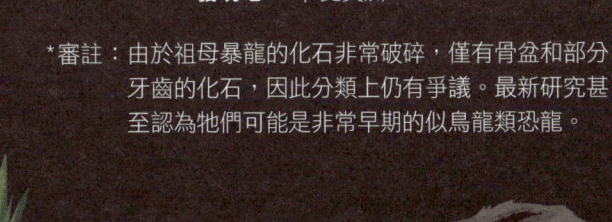

*審註：由於祖母暴龍的化石非常破碎，僅有骨盆和部分牙齒的化石，因此分類上仍有爭議。最新研究甚至認為牠們可能是非常早期的似鳥龍類恐龍。

10/31
特暴龍 Tarbosaurus

這種恐龍是當時蒙古地區最大的掠食者，非常類似於霸王龍（參閱 p.111），但特暴龍的頭顱更長，體型也沒那麼粗壯。

時代	晚白堊紀
科屬	暴龍科
食性	肉食性
體長	10-11公尺
體重	5噸
發現地	亞洲

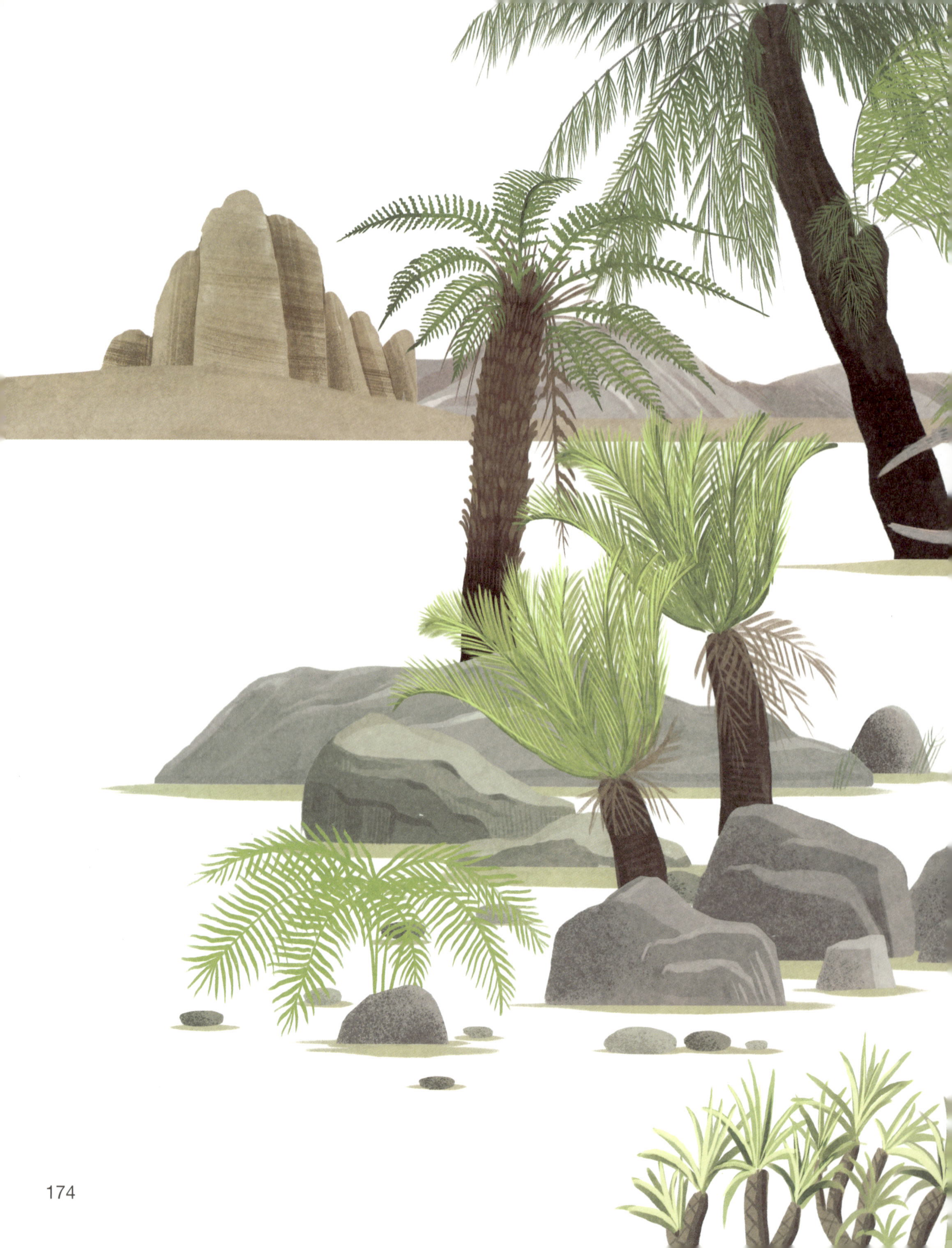

11月（November）

11/01
白魔龍 Tsaagan

這種中等體型、有羽毛的馳龍類恐龍，在現今蒙古地區繁盛一時。白魔龍是一種高效的獵食者，擁有非常強壯的顎部。一群兇猛的白魔龍會協同作戰，捕捉並殺死像鳥面龍（如圖中，或參閱p.154）這樣的小型恐龍，此外牠們的日常飲食還包括蜥蜴和小型哺乳動物。

時代	晚白堊紀
科屬	馳龍科
食性	肉食性
體長	2公尺
體重	20公斤
發現地	亞洲

11/02
邪靈龍 Daemonosaurus

這種如大型犬體型的早期獸腳類恐龍長相特殊，擁有短而高的頭顱，上顎有獠牙般、異常大型的牙齒，可用來抓住掙扎的獵物。牠可能會藏在灌木叢中，埋伏攻擊小型的動物。

時代	晚三疊紀
科屬	接近艾雷拉龍科（未定）
食性	肉食性
體長	2.2公尺
體重	15公斤
發現地	北美洲

11/03
華夏頜龍 Huaxiagnathus

這種活躍的獵手以小型哺乳動物和爬行動物為食，同時也會捕捉像中華龍鳥（參閱p.93）這樣的小型恐龍。

時代	早白堊紀
科屬	美頜龍科
食性	肉食性
體長	1.8公尺
體重	10公斤
發現地	亞洲

11/04
無鼻角龍 Arrhinoceratops

這種植食性恐龍會隨著群體遷徙和覓食植物，牠們擁有長且前彎的角，頭部則是有一個短短的鼻角，所以得到很好的保護。

時代	晚白堊紀
科屬	角龍科
食性	植食性
體長	4.5公尺
體重	1.3噸
發現地	北美洲

11/05
冰冠龍 Cryolophosaurus

生活在如今冰冷的南極洲，但當時是溫暖的森林和沿海地區，這種肉食性恐龍有充足的植食性恐龍可捕食。牠是當時已知生活在該地區最大的獸腳類恐龍。冰冠龍的頭頂上有一個帶有凹痕的垂直頭冠，這可能是用來吸引配偶或驅逐競爭對手的展示工具。

時代	早侏羅紀
科屬	早期獸腳類（科別未定）
食性	肉食性
體長	6.5公尺
體重	450公斤
發現地	南極洲

和平的植食性恐龍

這些大型、動作緩慢的鳥腳類恐龍可以選擇以雙腿或四足行走，並在群體中移動。牠們擁有尖刺狀的拇指，可能用作武器，但同時也有助於牠們撿起果實和其他植物來食用。

11/06
卡洛夫龍 Callovosaurus

這是迄今為止發現最早的禽龍類恐龍，牠們會與其他植食性恐龍一起覓食，包括蜥腳類恐龍和劍龍。

時代	中侏羅紀	體重	小於90公斤（由於化石僅有大腿骨，無法推估）
科屬	橡樹龍科	發現地	歐洲
食性	植食性		
體長	2.7公尺		

11/07
巨禽龍 Iguanacolossus

這種體格強壯的恐龍會與幼龍一起成群行動，但在成年後可能會較為獨立。巨禽龍可能會是猶他盜龍（參閱p.195）的獵物。

時代	早白堊紀
科屬	接近禽龍科（同屬直拇指龍類）
食性	植食性
體長	9公尺
體重	5噸
發現地	北美洲

11/08
阿特拉斯科普柯龍 Atlascopcosaurus

這種小型的植食性恐龍可能會成為大型掠食者的盤中飧，例如南方獵龍。牠們曾生活在現今澳洲的維多利亞州地區，此地現在則被稱為恐龍灣。

時代	早白堊紀
科屬	鳥腳亞目薄板類
食性	植食性
體長	3公尺
體重	125公斤
發現地	澳洲

11/09
曼(ㄇㄢ)特(ㄊㄜ)爾(ㄦ)龍(ㄌㄨㄥ) Mantellisaurus

化石足跡顯示這種大型禽龍類恐龍以家族群體活動。牠的前肢較短，因此在四足行走時可能只能緩慢移動或靜止不動。

時代	早白堊紀
科屬	鴨嘴龍超科
食性	植食性
體長	7公尺
體重	800公斤
發現地	歐洲

11/10
柵(ㄓㄚ)齒(ㄔˇ)龍(ㄌㄨㄥ) Mochlodon

這種恐龍的體重與年幼小牛的體重相當，生活在樹林中。據認為，牠之所以體型較小，是因為生活在食物有限的島嶼上，因此隨著時間的推移不得不進行適應。

時代	晚白堊紀
科屬	凹齒龍科
食性	植食性
體長	1.8公尺
體重	30公斤
發現地	歐洲

11/11
彎(ㄨㄢ)龍(ㄌㄨㄥ) Camptosaurus

彎龍擁有長長、滿是牙齒的吻部，末端是呈喙狀。牠平常以四足方式覓食，但也可以用兩條腿平衡並走動，加上尾巴的支撐，藉此來摘取高處的葉子。

時代	晚侏羅紀
科屬	彎龍科
食性	植食性
體長	6公尺
體重	800公斤
發現地	北美洲

11/12
擬鳥龍 Avimimus

拉丁文名字意為「鳥類模仿者」的偷蛋龍類恐龍速度飛快，擁有非常長的雙腿，可以用來追逐獵物或逃避掠食者。牠生活在當時的濕地中，以大群聚集。雖然牠像鴕鳥一樣不能飛，但能夠像今天的鳥類一樣將前肢折疊成一個平面收攏在身體旁邊。

時代	晚白堊紀
科屬	擬鳥龍科
食性	雜食性
體長	1.5公尺
體重	15公斤
發現地	亞洲

11/13
波氏爪龍 Bonapartenykus

波氏爪龍是阿瓦拉慈龍科當中最大型的種類，牠們擁有短而結實的手臂和爪子，可用來挖掘白蟻丘和蟻巢。這種恐龍的化石在如今的阿根廷被發現，並伴隨著非常罕見的化石蛋。

時代	晚白堊紀
科屬	阿瓦拉慈龍科
食性	食蟲性
體長	2.5公尺
體重	72公斤
發現地	南美洲

*審註：阿瓦拉慈龍科的物種在侏儸紀晚期至白堊紀早期，體型有大有小，範圍多落在10至50公斤之間。然而，從白堊紀中期開始，這個類群迅速縮小，多數物種體重不逾5公斤，甚至出現了只有500公克的迷你種類。

11/14
敏迷龍 Minmi

在早白堊紀時期，澳洲的東部地區大部分由淺海覆蓋，而敏迷龍活動於沿岸平原上。這是一種小型植食性恐龍，身體被骨板鎧甲覆蓋，通常以群體形式生活。

時代	早白堊紀
科屬	甲龍科（科別未定）
食性	植食性
體長	3公尺
體重	370公斤
發現地	澳洲

11/15
小獵龍 Microvenator

這種約公雞體型的偷蛋龍類恐龍，拉丁文名字意為「小型獵人」。小獵龍的頭大、擁有喙狀的吻部、缺乏牙齒。牠們會將各種發現到的小型哺乳動物、爬行動物和昆蟲一口吞下，也會取食植物。就和其他偷蛋龍一樣，小獵龍也會展示自己的羽毛。

時代	早白堊紀
科屬	近頜龍科
食性	雜食性
體長	1.2公尺（幼年）
體重	6.4公斤（幼年）
發現地	北美洲

*審註：該物種的化石僅有發現未成年的個體

182

11/16
魚ㄩˊ龍ㄌㄨㄥˊ Ichthyosaurus

魚龍身形小且類似海豚，是個強壯的游泳健將，速度可達每小時40公里。牠們需要迅速逃脫來自切齒魚龍（如圖中左方，或參閱p.121）的駭人大嘴。而魚龍則以魚類、菊石、章魚和魷魚為食，利用其長而狹窄、滿是尖牙的嘴巴來捕捉獵物。

時代	早侏羅紀
科屬	魚龍科
食性	魚食性
體長	3公尺（同屬的最大型物種）
體重	90公斤
發現地	歐洲

*審註：魚龍目的種類非常多，有體型不足一公尺的、也有體型達25公尺的巨物。本書只提及兩個屬的物種，即切齒魚龍屬、及魚龍屬。

183

巨型蜥腳類恐龍

除了南極洲，其餘每塊大陸均可以發現這些巨大、四足植食性恐龍的化石遺跡。他們是真正的恐龍巨人，無論走到哪裡都能震撼大地，是有史以來陸地上生活過最大型的動物。

11/17
薩爾塔龍 Saltasaurus

儘管身形龐大，但這是屬於較小的蜥腳類恐龍之一，擁有較短的頸部和四肢。牠能產下非常大的蛋，蛋殼厚度達0.6公分，是目前已知最厚的蛋殼。

時代	晚白堊紀
科屬	薩爾塔龍科（泰坦巨龍類）
食性	植食性
體長	8.5公尺
體重	2.5噸
發現地	南美洲

*審註：目前所有蜥腳類恐龍當中，體型最大的應是巴塔哥巨龍（參閱p.64），其體型也反映出陸生動物的體型上限。

11/18
高橋龍 Hypselosaurus

生活區域約在現今法國南部森林中，這種泰坦巨龍擁有異常粗壯的腿部。

時代	晚白堊紀
科屬	泰坦巨龍類（科別未定）
食性	植食性
體長	12公尺
體重	10噸
發現地	歐洲

11/19
阿拉摩龍 Alamosaurus

這是北美已知的唯一一種泰坦巨龍。牠每天需要吃掉15公斤的食物，牠會穿越廣闊的地區，沿途取食所經過的植被。

時代	晚白堊紀
科屬	薩爾塔龍科（泰坦巨龍類）
食性	植食性
體長	24公尺
體重	30噸
發現地	北美洲

11/20
新疆巨龍 Xinjiangtitan

這種植食性動物可以取食非常高的樹木。牠擁有極其長的脖子，約佔其身長的一半，脖子內部的頸椎，有些長達1公尺多。

時代	中侏羅紀
科屬	馬門溪龍科
食性	植食性
體長	32公尺
體重	可達40噸
發現地	亞洲

11/21
馬拉威龍 Malawisaurus

這種早期、體型相對嬌小的泰坦巨龍，在脖子和軀幹的背側都有骨質增生的骨板排列，可作為盔甲來抵禦掠食者的攻擊。不少泰坦巨龍類都有這樣的特徵。

時代	早白堊紀
科屬	泰坦巨龍類（科別未定）
食性	植食性
體長	11公尺
體重	2.8噸
發現地	非洲

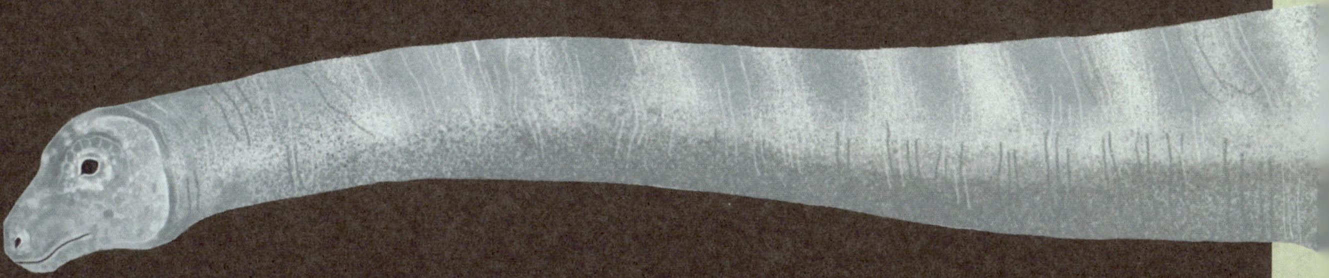

11/22
銀龍 Argyrosaurus

銀龍是南美洲最早被命名的泰坦巨龍之一。牠們成群結隊穿越現今的阿根廷，利用其極長的脖子觸及樹頂，以便吃到美味的樹葉。牠們體型非常巨大，光是股骨（大腿骨）的長度就超過2公尺！

時代	晚白堊紀
科屬	泰坦巨龍類（科別未定）
食性	植食性
體長	21公尺
體重	26噸
發現地	南美洲

11/23
薩ㄙㄚ爾ㄦ特ㄊㄜ里ㄌㄧ奧ㄠ獵ㄌㄧㄝ龍ㄌㄨㄥ Saltriovenator

這種恐龍是角鼻龍類的早期成員，也是當時最大且最敏捷的肉食性恐龍。牠漫遊於現今義大利的沿海森林，捕食任何牠發現的中小型獵物。甚至可能涉入沿海，捕食淺水區的魚類或鯊魚。

時代	早侏羅紀
科屬	角鼻龍類（接近角鼻龍科）
食性	肉食性
體長	7.3公尺（未定）
體重	1噸（未定）
發現地	歐洲

11/24
三ㄙㄢ角ㄐㄧㄠ龍ㄌㄨㄥ Triceratops

這種植食性恐龍擁有巨大的頭骨，並有一個向後傾斜的頭盾，當充滿血液時會變紅，以吸引異性或警告危險。在其堅硬的嘴喙後面，是擁有大量剪切型牙齒的嘴巴。這些牙齒在被堅韌的植被磨損後會被新長出來的牙齒替代。為了護幼，一群三角龍能夠聯手起來、成功抵禦霸王龍（參閱p.111）的攻擊。

時代	晚白堊紀
科屬	角龍科
食性	植食性
體長	9公尺
體重	8噸
發現地	北美

11/25
波塞頓龍 Sauroposeidon

這種植食性恐龍可能是最高的蜥腳類恐龍，脖子的長度可達12公尺。看似笨重的脖子，內部的頸椎有著蜂窩狀前後相連的氣囊，使脖子重量較輕，較可以往上抬起。1994年當化石首次在美國奧克拉荷馬州被發現時，由於其巨大的體型，人們最初將其歸類為化石樹幹，而不是恐龍的部分。

時代	早白堊紀
科屬	接近盤足龍科和泰坦巨龍類（科別未定）
食性	植食性
體長	32公尺
體重	50噸
發現地	北美

11/26
高ㄍㄠ刺ㄘˋ龍ㄌㄨㄥˊ Hypselospinus

這種高脊的禽龍類恐龍在現今英格蘭南部漫遊，尋找牠們喜歡吃的低矮植物。和家族中的其他成員一樣，牠生活在群體中，提供了一定的保護，可以免受如始暴龍等掠食者的攻擊。

時代	早白堊紀
科屬	鴨嘴龍超科
食性	植食性
體長	6公尺
體重	800公斤
發現地	歐洲

11/27
阿ㄚ什ㄕˊ當ㄉㄤ手ㄕㄡˇ盜ㄉㄠˋ龍ㄌㄨㄥˊ Ashdown maniraptoran

這種體型最小的恐龍之一，是一種類似鳥類但不會飛的獸腳類恐龍，牠獵捕小動物、昆蟲，同時也吃葉子和果實。牠擁有一條長脖子和纖細的後腿，與現今的涉禽鳥類非常相似。

時代	早白堊紀
科屬	手盜龍類（可能接近偷蛋龍科）
食性	雜食性
體長	40公分
體重	200克
發現地	歐洲

188

11/28
結節頭龍 Nodocephalosaurus

這種身披厚重鎧甲的甲龍,與年代相近的甲龍科物種一樣,擁有大型的尾錘、用以抵禦掠食者。牠的頭部形狀與亞洲的甲龍非常相似。這可能表示,在白堊紀晚期,現今的北美與亞洲之間存在著一座陸橋。

時代	晚白堊紀
科屬	甲龍科
食性	植食性
體長	4.5公尺
體重	1.5噸
發現地	北美洲

11/29
黎明角龍 Auroraceratops

牠是早期的三角龍遠親(參閱p.186),一種二足行走的恐龍,牠們沒有後來角龍科恐龍的頭盾與犄角。牠利用短吻和獠牙般的牙齒在地面上挖掘,藉此掘出植物來吃。

時代	早白堊紀
科屬	新角龍下目
食性	植食性
體長	1.25公尺
體重	15.5公斤
發現地	亞洲

11/30
鄯善暴龍 Shanshanosaurus

這是目前已知最小的暴龍科物種。鄯善暴龍會在光線昏暗的黃昏時活動,透過修長臉蛋上的大眼睛來查看四周,藉此在森林裡的灌木叢中發現快速移動的蜥蜴或哺乳動物。

時代	晚白堊紀
科屬	暴龍科
食性	肉食性
體長	2.5公尺
體重	23公斤
發現地	亞洲

*審註:目前一般認為,由於相同年代和地層以及體型差距,鄯善暴龍應為特暴龍的初生或年幼個體。

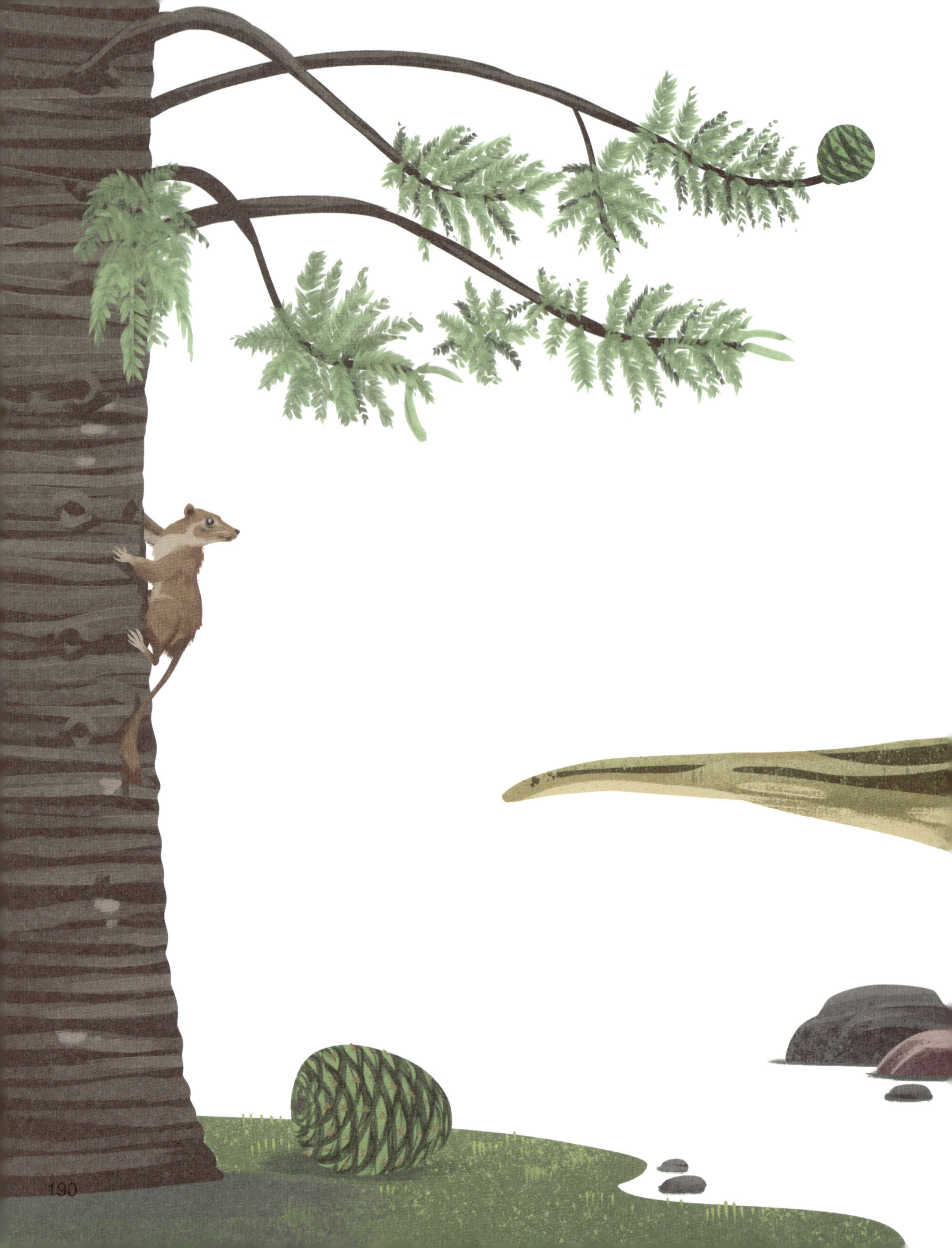

12月（December）

12/01
福ㄈㄨˊ斯ㄙ特ㄊㄜˋ龍ㄌㄨㄥˊ Fostoria

在澳洲東方一個偏遠的蛋白石礦場，出土了一整群福斯特龍的化石。這些化石在變成石頭的過程中變得「蛋白石化（Opalized）」，會導致化石出現「變彩」的性質，在不同的光線照射角度下出現七彩的色澤。這種植食性動物曾經生活在一片植物豐富的氾濫平原上，各大河流會流入當時覆蓋澳洲大片內陸面積的伊羅曼加海。

*審註：該地層除了福斯特龍以外，也出土了韋瓦拉龍（參閱p.14）、和閃電獸龍（參閱p.59）。

時代	晚白堊紀
科屬	凹齒龍形類（科別未定）
食性	植食性
體長	5公尺
體重	600公斤
發現地	澳洲

191

12/02
敘五龍 Xuwulong

古生物學家以已故中國地質學家的字號來命名這種恐龍，敘五龍是早期的鴨嘴龍，生活在現今的中國西北方的甘肅省。牠的頭顱骨比家族中的其他成員短，且下頜的最前端呈現V形，這可能意味著牠有著與眾不同的進食方式和食物來源。與其他鴨嘴龍一樣，牠是生活在群體中並進行移動。

時代	早白堊紀
科屬	鴨嘴龍超科
食性	植食性
體長	5公尺
體重	500公斤
發現地	亞洲

12/03
阿古哈角龍 Acujaceratops

這種小型角龍生活在現今北美洲的西部，座落在當時西部內陸海道沿岸的濕地沼澤中。牠擁有寬闊的頭盾和眼睛上方一對長長的犄角，當遭到恐鱷攻擊時，能夠用來自我防衛。

時代	晚白堊紀
科屬	角龍科
食性	植食性
體長	4.3公尺
體重	1.5噸
發現地	北美洲

12/04
鷲(ㄐㄧㄡˋ)盜(ㄉㄠˋ)龍(ㄌㄨㄥˊ) Buitreraptor

這種輕巧靈活、大小如火雞的肉食性恐龍，在現今阿根廷的岩石地形中捕獵小型蜥蜴和哺乳動物。與典型的馳龍相比，鷲盜龍擁有修長的前肢和細長的指頭。除此之外，牠們腳上的第二趾爪較小，臉蛋狹長、帶著細小且缺乏鋸齒邊緣的牙齒。牠可能成為大型食肉動物如馬普龍（參閱p.86）和南方巨獸龍（參閱p.195）的獵物。

時代	晚白堊紀
科屬	馳龍科
食性	肉食性
體長	1.5公尺
體重	3公斤
發現地	南美洲

12/05
釘(ㄉㄧㄥ)頭(ㄊㄡˊ)龍(ㄌㄨㄥˊ) Akainacephalus

釘頭龍擁有大型骨質的尾錘，能夠在其生活的森林中保護自己、免受暴龍科種類襲擊。這種北美洲甲龍的頭部骨板排列方式，和亞州甲龍（如多智龍，參閱p.73）非常相似。這也支持了在晚白堊紀時期，亞州和北美洲有陸橋相連，提供陸生的動物拓殖的機會，例如甲龍類群就曾多次從亞洲移動至北美州。

時代	晚白堊紀
科屬	甲龍科
食性	植食性
體長	5公尺
體重	1.5噸
發現地	北美

二足掠食者

在肉食性恐龍中，有一些非常高效的獵手，二足行走使牠們獲得了所需的速度。這也讓牠們的前肢能夠抓住或傷害獵物，儘管在許多晚期的恐龍中，這些前肢變得更小了。

12/06
重爪龍 Baryonyx

這種有著鱷魚嘴的恐龍在河流和河口地帶巡視，捕食魚類，同時也在陸地上捕捉較小的恐龍。

時代	早白堊紀
科屬	棘龍科
食性	肉食性
體長	9公尺
體重	2噸
發現地	歐洲

12/07
暹羅盜龍 Siamraptor

這種大型掠食者追逐禽龍類等植食性恐龍，用其刀片般的利齒毫不留情地獵食獵物。牠的化石在現今的泰國被發現。

時代	早白堊紀
科屬	鯊齒龍類（科別未定）
食性	肉食性
體長	8公尺
體重	3噸
發現地	亞洲

12/08
雙冠龍 Dilophosaurus

這種有著冠飾的肉食性恐龍可能利用嗅覺來尋找獵物。牠們以群體狩獵，追逐時速度可達每小時50公里。雙冠龍是當時北美洲最大型的掠食者。

時代	早侏羅紀
科屬	雙冠龍科
食性	肉食性
體長	7公尺
體重	400公斤
發現地	北美洲

12/09
猶他盜龍 Utahraptor

當猶他盜龍奔跑時，牠的24公分長的第二趾爪會向上翹起、遠離地面。一旦爪子制服住獵物，鋒利的牙齒便會接著結束獵物的生命。

時代	早白堊紀
科屬	馳龍科
食性	肉食性
體長	5.5公尺
體重	450公斤
發現地	北美洲

12/10
輕龍 Elaphrosaurus

牠輕盈的體重使這種肉食性恐龍依賴速度來捕捉小型動物，但牠同樣需要快速移動以逃離掠食者。

時代	晚侏羅紀
科屬	西北阿根廷龍科
食性	肉食性
體長	6公尺
體重	200公斤
發現地	非洲

*審註：由於尚未發現頭骨化石。較新的研究認為，輕龍可能和近親——泥潭龍一樣，成體為植食性的動物。

12/11
南方巨獸龍 Giganotosaurus

這種名字意為「來自南方的巨大蜥蜴」是肉食性恐龍當中數一數二大的，然而，牠能夠透過強壯的雙腿，跑出最高時速50公里的速度來追逐獵物。南方巨獸龍的巨大頭骨內有著長達20公分的利牙。

時代	晚白堊紀
科屬	鯊齒龍科
食性	肉食性
體長	13公尺
體重	9噸
發現地	南美洲

12/12
寐龍 Mei Long

這種小型、類似鳥類的傷齒龍，第一個化石被發現時，頭部蜷縮在翅膀底下，如同現今鳥類睡覺的姿勢一樣，因此中文名稱即是描述其安心睡覺的姿態。牠會捕食小型哺乳動物、蜥蜴和剛孵化的恐龍，並且也以樹葉為食。

時代	早白堊紀
科屬	傷齒龍科
食性	雜食性
體長	53公分
體重	小於1公斤
發現地	亞洲

12/13
白峰龍 Albalophosaurus

作為該類群的早期成員，生活在林地灌木叢中仰賴敏捷的身手，藉此來避開掠食者。牠的拉丁名字意思是「白冠蜥蜴」，並不是描述牠的外觀，而是指化石發現地是位於日本石川縣的白山（舊名為白峰）山峰。

時代	早白堊紀
科屬	早期的角龍亞目（未定）
食性	植食性
體長	小於2公尺（化石破碎僅推測）
體重	40公斤（化石破碎僅推測）
發現地	亞洲

12/14
巴塔哥尼亞爪龍
Patagonykus

這種有羽毛的獸腳類恐龍適應了其特殊的食性，她透過細長如管狀的吻部捕食昆蟲，嘴巴內有非常小的牙齒。她透過細長如管狀的吻部捕食昆蟲，嘴巴內有非常小的牙齒。她擁有長腿和短手，每隻手上都只有一根指頭，帶著大爪，可以利用強大的胸部和臂部肌肉驅動爪子，挖掘並鑿開白蟻丘和蟻巢，將裡面的內容物吸入嘴中。

時代	晚白堊紀
科屬	阿瓦拉慈龍科
食性	食蟲性
體長	2公尺
體重	35公斤
發現地	南美洲

12/15
腔骨龍 Coelophysis

這種比火雞大一些的肉食性恐龍，是非常早期的恐龍種類之一。她生活在一個大型的群體中，是可以快速獵捕魚類、小型恐龍、蜥蜴和昆蟲的優秀獵手。她身材修長，眼睛很大，既需要用來偵測獵物，也用來躲避類似鱷魚的掠食者。

時代	晚三疊紀
科屬	腔骨龍科
食性	肉食性
體長	3公尺
體重	25公斤
發現地	北美洲

*審註：三疊紀晚期最大型的掠食者，幾乎都是與現生鱷魚的祖先關係較近的動物，稱為偽鱷類，例如波斯特鱷。

12/16
掘奔龍 Oryctodromeus

掘奔龍是已知第一種具備挖洞行為的恐龍，會利用手臂和喙狀的吻部來挖掘，洞穴長度深可達2公尺多，藉此來躲避掠食者和寒冷的天氣，並且養育後代。牠都在黃昏時分出洞尋找食物，雖然體型較小，但動作迅速，因此能夠避開大多數的掠食者。

時代	晚白堊紀
科屬	奇異龍科
食性	植食性
體長	2公尺
體重	35公斤
發現地	北美洲

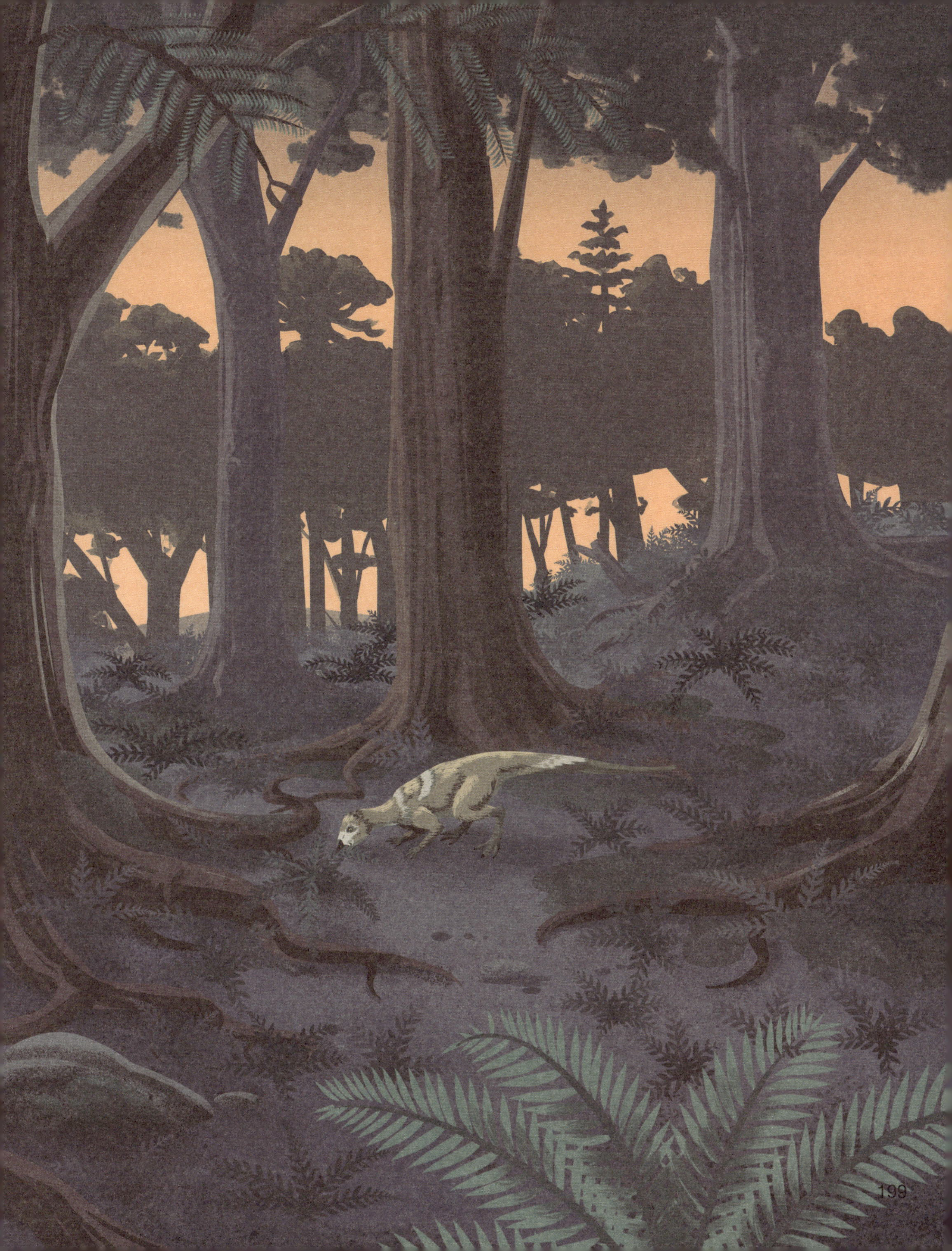

12/17
峨峨嵋ㄇㄟˊ龍ㄌㄨㄥˊ Omeisaurus

峨嵋龍的脖子非常長，一共由17節頸椎所組成，較一般蜥腳類恐龍還多。此外，每一節都還更長也更大。然而，這種脖子也相對輕盈，使峨嵋龍能夠將小小的頭部伸展到樹頂，儘管牠們也會在群體中以低矮的蕨類和灌木為食。

時代	中侏羅紀
科屬	馬門溪龍科
食性	植食性
體長	20公尺
體重	10噸
發現地	亞洲

*審註：這群長脖子恐龍當中，脖子內頸椎數量最多的是中加馬門溪龍（參閱p.96），頸椎節數一共有19節。

12/18
結節龍 Nodosaurs

這個物種由知名的古生物學家——奧斯尼爾・馬許命名，化石出土於美國的懷俄明州。結節龍活動於西部內陸海道沿岸的草地或針葉樹林中，取食低矮的植物為生。牠們可以透過身上的骨板和尖刺來保護自己。

時代	晚白堊紀
科屬	結節龍科
食性	植食性
體長	6公尺
體重	2噸
發現地	北美洲

12/19
船首龍 Proa

這種植食性動物的下頜讓發現者想起了船的船首。由於其化石是在西班牙的一座煤礦中被發現的，因此被命名為「proa」，在西班牙語中意為「船首」。牠們在濕地中成群移動，以低矮的植物為食。

時代	早白堊紀
科屬	接近禽龍科（同屬直拇指龍類）
食性	植食性
體長	7公尺
體重	1噸
發現地	歐洲

12/20
奧卡龍 Aucasaurus

這種恐龍幾近完整的化石在阿根廷被發現,非常珍貴。這具化石不僅讓我們更加了解奧卡龍的生活方式,也幫助古生物學家們對其皮膚的外觀有更深入的了解。牠擁有強壯的長腿和強大的顎部,但手臂非常短,且沒有爪子。是一種群體捕獵者,主要以蜥腳類恐龍,例薩爾塔龍科的物種為食。

時代	晚白堊紀
科屬	阿貝力龍科
食性	肉食性
體長	6公尺
體重	700公斤
發現地	南美洲

12/21
奧伊考角龍 Ajkaceratops

這種小型植食性動物擁有像鸚鵡一樣的喙狀嘴。牠生活在森林中,並且會成群地在氾濫平原上啃食低矮的灌木。在白堊紀晚期,歐洲的中心實際上是一片由淺海圍繞、區隔而成的眾多大小陸塊與島嶼,而非一整片大陸。

時代	晚白堊紀
科屬	原角龍科(未定)
食性	植食性
體長	1公尺
體重	20公斤
發現地	歐洲

12/22
奇ㄑㄧˊ翼ㄧˋ龍ㄌㄨㄥˊ Yi qi

這種像蝙蝠一樣擁有翅膀，如鴿子大小的食蟲恐龍，能在樹間滑翔，捕捉蒼蠅、蜻蜓和飛蛾。這種恐龍獨特之處在於牠的手腕處延伸出棒狀骨頭，與三根指頭共同撐起大大的翼膜，與現今飛鼠的構造相似。

時代	晚侏羅紀
科屬	擅攀鳥龍科
食性	食蟲性
體長	60公分（含長長的尾羽）
體重	380克
發現地	亞洲

12/23
狼ㄌㄤˊ嘴ㄗㄨㄟˇ龍ㄌㄨㄥˊ Lycorhinus

狼嘴龍是非洲的侏儸紀地層裡最早被發現的恐龍之一。牠們以小型動物為食、也會取食植物，但大部分時間都行蹤隱密，藉此躲避周遭的獸腳類恐龍掠食者。

時代	早侏羅紀
科屬	畸齒龍科
食性	雜食性
體長	1.5公尺
體重	7公斤
發現地	非洲

12/24
果ㄍㄨㄛˇ齒ㄔˇ龍ㄌㄨㄥˊ Fruitadens

這種小型恐龍行動敏捷，能夠逃脫像是蠻龍（參閱p.58）這樣巨大的掠食者追捕。牠們生活在森林中，以小型動物和昆蟲以及植物為食。

時代	晚侏羅紀
科屬	畸齒龍科
食性	雜食性
體長	75公分
體重	750公克
發現地	北美洲

12/25
耐梅蓋特龍 Nemegtosaurus

透過長脖子將長臉蛋伸進樹冠的枝葉間，這種蜥腳類恐龍（參閱p.184-185）會用鉛筆狀的牙齒將葉子和美味的花朵扯斷後進食。牠生活在現今的蒙古戈壁沙漠地區，在當時，有許多開花植物、松柏類（針葉樹）和蕨類可以享用。

時代	晚白堊紀
科屬	耐梅蓋特龍科（可能是泰坦巨龍類）
食性	植食性
體長	12公尺
體重	6噸
發現地	亞洲

12/26
亞冠龍 Hypacrosaurus

這種大型的鴨嘴龍類恐龍，就和近親一樣，都是暴龍和馳龍類掠食者的熱門獵物。亞冠龍的頭冠是中空的，有助於牠們在森林裡，發出響亮的警告聲來提醒群體成員。其一次最多能在大型巢穴中產下20顆蛋，這些巢穴可能也經常被同樣的掠食者偷襲。

時代	晚白堊紀
科屬	鴨嘴龍科
食性	植食性
體長	9公尺
體重	4噸
發現地	北美洲

12/27
瑞拖斯龍 Rhoetosaurus

這是澳洲最早被命名的恐龍，也是澳洲最古老的恐龍之一。牠們會以時速最高15公里的速度，成群緩慢地行走於河流邊的針葉樹林。生活在這樣潮濕、溫暖的地方，瑞拖斯龍以針葉樹、蘇鐵和樹蕨為食。

時代	中侏羅紀
科屬	早期蜥腳類
食性	植食性
體長	15公尺
體重	9噸
發現地	澳洲

12/28
華麗角龍 Kosmoceratops

這種恐龍的拉丁名字意為「裝飾性帶角的臉」。這些角可能用來禦敵、或是吸引異性，而這種植食性恐龍顯然非常有能力能做到這一點。牠的頭上總共有15根角，鼻子上一根、雙眼上方共兩根、兩頰各一根、以及頭盾上方一整排的10根角。

時代	晚白堊紀
科屬	角龍科
食性	植食性
體長	4.5公尺
體重	1.2噸
發現地	北美洲

12/29
扎納巴扎爾龍 Zanabazar

扎納巴扎爾龍是亞州已經最大型的傷齒龍科恐龍。體型輕盈的牠生活在如今位於中亞的蒙古森林中。牠們是種聰明而高效的掠食者，可透過修長的後腿快速奔跑，追捕小型恐龍和哺乳動物，並捕捉昆蟲。

時代	晚白堊紀
科屬	傷齒龍科
食性	肉食性
體長	2.3公尺
體重	25公斤
發現地	亞洲

12/30
瑪君龍 Majungasaurus

這種掠食者的牙齒數量比絕大多數其他阿貝力龍科的恐龍都要多，上頜單側有21顆、下頜單側有17顆牙齒。牠會捕獵蜥腳類恐龍，如拉佩托龍（參閱p.47），以及自己家族中體型較小的成員。

時代	晚白堊紀
科屬	阿貝力龍科
食性	肉食性
體長	7公尺
體重	1.1噸
發現地	非洲馬達加斯加

12/31
汝ㄖㄨˇ陽ㄧㄤˊ龍ㄌㄨㄥˊ Ruyangosaurus

一群巨大的泰坦巨龍類恐龍在如今中國的森林和氾濫平原中移動和進食。牠們的身影壯觀，透過長脖子的擺動來觸及樹木及灌木的每個高度，將枝條和樹葉扯下來進食。

時代	早白堊紀
科屬	泰坦巨龍類 盤足龍科（未定）
食性	植食性
體長	25公尺
體重	34噸
發現地	亞洲

207

恐龍的終結

大約在6600萬年前，一顆巨大的小行星或彗星在現今的墨西哥的猶加敦半島撞擊地球，留下了一個直徑200公里、深度1公里的隕石坑。這次碰撞將有毒氣體和塵埃彈射到空中，這些氣體和塵埃環繞地球運行，阻擋了陽光。加上火山活動增加，這一事件導致了全球溫室效應和氣候變化，氣溫急劇下降。植物無法在沒有陽光的情況下生長，因此植食性動物相繼餓死，沒有獵物的肉食性動物也因此死亡。可悲的是，幾乎所有的恐龍都滅絕了，當時地球上近四分之三的動植物物種也在這一次的事件中消失。

那些倖存者

令人驚訝的是，一些動物在這場災難中存活了下來。包括哺乳動物、蛇、青蛙和蜥蜴在內的小型動物，儘管受到撞擊及其後果的影響，仍然找到生存之道。而鱷魚、鯊魚、魟魚和龜鱉類甚至維持了同樣的外型存續至今。

唯一存活下來的恐龍是幾種類似鳥類的物種，儘管多數植物已經死亡，但這些體型較小的物種仍能找到少許種子果腹、藉此存活下來。如今，這些存續至今的恐龍便是鳥類，目前已經有超過11,000個物種，在天空上振翅翱翔。

當下一次看到的鳥時,仔細看看吧——
你可是正在看一隻恐龍呢!

詞彙表

伏擊性掠食者（Ambush Predator）：通過潛伏等待捕捉獵物的掠食者。

鎧甲骨板（Armored Plate）：在恐龍的皮膚中硬骨化的堅硬構造，可用來禦敵。

二足動物（Biped）：是指以兩隻腳行走的動物。

洞穴（Burrow）：指動物挖掘的洞穴或隧道，用作藏身之處或家園。

偽裝（Camouflage）：是指某些恐龍身上的顏色或形狀使它們能夠與周圍環境融為一體的能力。

肉食性動物（Carnivore）：是指以食肉方式獲取生活所需的動物。

頭盔（Casque）：是指一些恐龍頭頂上像頭盔一樣的結構。

角龍科（Ceratopsid）：為鳥臀目恐龍的一個類群，牠們擁有角、角質喙和骨質的頭盾，比如三角龍。

頰齒（Cheek Teeth）：指恐龍口腔後部的大型、方形的牙齒，類似於現代哺乳動物的臼齒。

錐狀（Conical）：基部寬、末端尖細的錐形形狀。

反蔭庇（Countershaded）：是一種偽裝方法，即動物體表的背側較深、腹側較淺，有助於在森林或海洋環境中不容易被發現。

冠（Crest）：指動物頭部的羽毛或皮膚隆起部分。

乾旱（Drought）：指的是由於長時間缺乏降雨而導致的極度乾旱的情況。

鴨嘴形（Duck-billed）：喙形狀類似於鴨子。

延長的（Elongated）：表示變得更長或拉長。

滅絕（Extinct）：表示一種動物或植物不再存在於地球上任何一處。

孔（Fenestra）：指任何小的開口或孔洞，通常在生物科學中用作術語，描述解剖結構中的孔洞。

鰭足（Flippers）：用於游泳的寬闊、扁平肢體。

覓食（Foraging）：捕獵或搜集食物

化石（Fossils）：古代動物和植物的遺骸或痕跡。一些化石是由動物遺骸形成的，但其他化石是動物留下的痕跡，如腳印。

頭盾（Frill）：一些恐龍頭部或頸部具有的大型、扇狀的皮膚和骨頭結構。

屬（Genus）：指一群不同種類但關係接近的動物或植物。「屬」本身則是「科」底下的分支，即一個科底下有許多屬。

胃石（Gastroliths）：恐龍吞下的小石頭，用於幫助在胃中研磨植物食物。也被稱為砂囊石。

砂囊石（Gizzard stones）：參見上方的胃石。

岡瓦那大陸（Gondwana）：由現在的非洲、南美洲、南極洲、澳洲、印度和馬達加斯加組成的史前南方大陸。

棲地（Habitat）：動物或植物生活和生存的地方。

植食性動物（Herbivore）：指僅以植物為食的動物。

群體（Herd）：一大群同種動物共同覓食和移動。

孵化（Incubating）：指動物利用體溫使蛋裡面的胚胎發育，並直到破殼而出的過程。

內陸海（Inland Sea）：當氣候溫暖導致海平面升

高的時期，海水蔓延至內陸較低窪的地區，形成一大片淺海海域。

蟲食性動物（Insectivore）：主要以昆蟲為食的動物。

角蛋白（Keratin）：動物皮膚、毛髮、指甲、角、蹄、喙和羽毛的主要組成物質。

勞亞大陸（Laurasia）：由現今的北美洲、歐洲和大部分亞洲組成的史前北方大陸。

哺乳動物（Mammal）：脊椎動物的一類，具有體表有毛髮、體溫恆常、母體能分泌乳汁哺育後代等特徵。

下顎骨（Mandible）：下顎的骨頭。

雜食性動物（Omnivore）：既以植物為食，也吃其他種類動物的動物。

鳥腳亞目（Ornithopod）：一群包括中小型的植食性恐龍，包括禽龍和鴨嘴龍。

群（Pack）：指一起生活和打獵的動物群體，通常指肉食性動物。

古生物學家（palaeontologist）：通過化石研究地球生命歷史的科學家。

魚食性動物（Piscivore）：捕食並吃魚的動物。

掠食者（Predator）：指會捕獵並吃其他動物的動物。掠食者通常比其獵物更大，或是採取成群的方式捕獵。

史前時代（Prehistoric）：意即有歷史記載之前的時代，一般是指人類出現文字之前的時代。

獵物（Prey）：被其他動物捕獵和食用的動物。

翼龍目（Pterosaur）：中生代飛行爬行動物的一大類，具有皮質翅膀。有些翼龍的嘴喙裡有牙齒。

尾綜骨（Pygostyle）：由數節尾椎癒合而成的結構，可以支撐尾部的羽毛。這個特徵在部份恐龍和現生鳥類身上可以發現。

爬行動物（Reptile）：一類變溫動物，特徵是皮膚有鱗片，並以產卵的方式繁殖。（審註：但是有例外）

蜥腳類恐龍（Sauropod）：一類主要以四足移動的植食性恐龍，擁有長頸和長尾巴，是有史以來生活在陸地上最大的動物之一。

食腐（Scavenge）：尋找並吃掉死亡動物殘骸。

鞏膜環（Sclerotic rings）：指脊椎動物眼周的一圈骨質結構，可用於保護眼睛，例如魚龍、翼龍和恐龍等皆擁有鞏膜環。

鋸齒狀（Serrated）：形容像鋸子一樣沿邊緣有一排尖銳的牙齒。

馳龍爪（Sickle claw）：一種大型且彎曲的爪子，位於某些恐龍（例如伶盜龍）的第二趾上，會懸空於地面。

流線型（Streamlined）：通常為平滑而規則的表面、沒有大的起伏和尖銳的稜角，這種體態能夠讓動物輕鬆地在水中或空氣中移動。

尾錘（Tail club）：指某些恐龍尾巴末端具有的骨質塊。

爪（Talon）：大而彎曲的爪子。

獸腳類恐龍（Theropod）：大多數是兩足、以肉為食的恐龍，具有中空的骨骼。其中包括一些在地球上稱霸的強大掠食者。

足跡（Trackway）：指化石腳印，由恐龍在移動時所留下的痕跡。

脊椎動物（Vertebrae）：指有脊椎骨的動物。

指翼（Wing finger）：指特化延長的手指頭，用來撐起翼龍的翅膀。

叉骨（Wishbone）：指大多數鳥類胸骨前的V形分岔骨頭。（審註：獸腳類恐龍也具有叉骨）

索引──以食性分類

肉食性恐龍

傷齒龍 Troodon p.15
美扭椎龍 Eustreptospondylus p.15
角鼻龍 Ceratosaurus p.17
小盜龍 Microraptor p.18
厄兆龍 Moros p.18
美頜龍 Compsognathus p.18
跳龍 Saltopus p.19
原角鼻龍 Proceratosaurus p.22
中國鳥腳龍 Sinornithoides p.23
尼亞薩龍 Nyasasaurus p.30
氣肩盜龍 Pneumatoraptor p.31
高棘龍 Acrocanthosaurus p.33
昆卡獵龍 Concavenator p.34
三角洲奔龍 Deltadromeus p.34
中華麗羽龍 Sinocalliopteryx p.34
班比盜龍 Bambiraptor p.35
蛇髮女怪龍 Gorgosaurus p.35
極鱷龍 Aristosuchus p.39
足龍 Kol p.43
拉哈斯獵龍 Lajasvenator p.50
無聊龍 Borogovia p.50
冠椎龍 Lophostropheus p.50
嗜鳥龍 Ornitholestes p.50
馳龍 Dromaeosaurus p.52
艾雷拉龍 Herrerasaurus p.54
單冠龍 Monolophosaurus p.54
斑龍 Megalosaurus p.55
蠻龍 Torvosaurus p.58
角爪龍 Ceratonykus p.58
沼澤鳥龍 Elopteryx p.58
拜倫龍 Byronosaurus p.59
獨身龍 Alectrosaurus p.61
菲利獵龍 Philovenator p.62
崇高龍 Angaturama p.63
奇異坐骨龍 Mirischia p.63
食肉牛龍 Carnotaurus p.65
鯊齒龍 Carcharodontosaurus p.66
塔羅斯龍 Talos p.67
魚獵龍 Ichthyovenator p.67
羽王龍 Yutyrannus p.69
頂棘龍 Altispinax p.70
小馳龍 Parvicursor p.70
似松鼠龍 Sciurumimus p.71
冠龍 Guanlong p.72
虐龍 Bistahieversor p.77
諸城暴龍 Zhuchengtyrannus p.80
伶盜龍 Velociraptor p.81
中國獵龍 Sinovenator p.81
準噶爾翼龍 Dsungaripterus p.83
風神翼龍 Quetzalcoatlus p.85
馬普龍 Mapusaurus p.86
擅攀鳥龍 Scansoriopteryx p.87
竊螺龍 Conchoraptor p.91
西爪龍 Hesperonychus p.91
中華龍鳥 Sinosauropteryx p.93
阿基里斯龍 Achillobator p.95
蜥鳥龍 Saurornithoides p.99
足羽龍 Pedopenna p.99
蜥狀龍 Kileskus p.105
簡手龍 Haplocheirus p.106
欽迪龍 Chindesaurus p.106
福井盜龍 Fukuiraptor p.107
戈壁獵龍 Gobivenator p.107
雙腔龍 Amphicoelias p.109
霸王龍 Tyrannosaurus p.111
蜥鳥盜龍 Saurornitholestes p.113
死掠龍 Thanatotheristes p.114
曙奔龍 Eodromaeus p.114
亞伯達龍 Albertosaurus p.115
永川龍 Yangchuanosaurus p.115
異特龍 Allosaurus p.115
恐爪龍 Deinonychus p.116
南方盜龍 Austroraptor p.119
巴哈利亞龍 Bahariasaurus p.123
鱷龍 Suchosaurus p.128
中國鳥龍 Sinornithosaurus p.130
彩虹龍 Caihong p.130
近鳥龍 Anchiornis p.131
天宇盜龍 Tianyuraptor p.131
血王龍 Lythronax p.135
非洲獵龍 Afrovenator p.142
激龍 Irritator p.143
大龍 Magnosaurus p.143
福斯特獵龍 Fosterovenator p.146
欒川盜龍 Luanchuanraptor p.154
阿帕拉契龍 Appalachiosaurus p.155
長羽盜龍 Changyuraptor p.159
西雅茨龍 Siats p.161
雙子盜龍 Geminiraptor p.169
舞龍 Wulong p.170
分支龍 Alioramus p.172
懼龍 Daspletosaurus p.172
怪獵龍 Teratophoneus p.172
白熊龍 Nanuqsaurus p.173
祖母暴龍 Aviatyrannis p.173
特暴龍 Tarbosaurus p.173
白魔龍 Tsaagan p.175
邪靈龍 Daemonosaurus p.176
華夏頜龍 Huaxiagnathus p.176
冰冠龍 Cryolophosaurus p.177
薩爾特里奧獵龍 Saltriovenator p.186

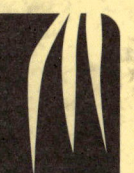

鄯善暴龍
　　Shanshanosaurus p.189
鷲盜龍 Buitreraptor p.193
重爪龍 Baryonyx p.194
暹羅盜龍 Siamraptor p.194
雙冠龍 Dilophosaurus p.194
猶他盜龍 Utahraptor p.195
輕龍 Elaphrosaurus p.195
南方巨獸龍
　　Giganotosaurus p.195
巴塔哥尼亞爪龍
　　Patagonykus p.197
腔骨龍 Coelophysis p.197
奧卡龍 Aucasaurus p.202
扎納巴扎爾龍 Zanabazar p.206
瑪君龍 Majungasaurus p.206

植食性恐龍

韋瓦拉龍 Weewarrasaurus p.14
尼日龍 Nigersaurus p.15
巨腳龍 Barapasaurus p.16
蜀龍 Shunosaurus p.16
迷惑龍 Apatosaurus p.16
皖南龍 Wannanosaurus p.19
劍龍 Stegosaurus p.20
腕龍 Brachiosaurus p.21
板龍 Plateosaurus p.22
林木龍 Silvisaurus p.23
死神龍 Erlikosaurus p.23
木他龍 Muttaburrasaurus p.24
禽龍 Iguanodon p.25
異角龍 Xenoceratops p.29
豪勇龍 Ouranosaurus p.30
米拉加亞龍 Miragaia p.31
澳洲龍 Austrosaurus p.33
亞伯達奔龍
　　Albertadromeus p.35
北方盾龍 Borealopelta p.36
惡魔角龍 Diabloceratops p.39
神威龍 Kamuysaurus p.42
雷利諾龍 Leaellynasaura p.43

微腫頭龍
　　Micropachycephalosaurus p.45
拉佩托龍 Rapetosaurus p.47
青島龍 Tsintaosaurus p.48
副櫛龍 Parasaurolophus p.48
櫛龍 Saurolophus p.48
分離龍 Kritosaurus p.49
冠龍 Corythosaurus p.49
賴氏龍 Lambeosaurus p.49
埃德蒙頓龍
　　Edmontosaurus p.52
畸齒龍 Heterodontosaurus p.54
梁龍 Diplodocus p.55
圓頂龍 Camarasaurus p.55
尖角龍 Centrosaurus p.56
凹齒龍 Rhabdodon p.56
速龍 Velocisaurus p.57
原角龍 Protoceratops p.57
閃電獸龍 Fulgurotherium p.59
南康龍 Nankangia p.62
巴塔哥巨龍 Patagotitan p.64
梅杜莎角龍
　　Medusaceratops p.64
山奔龍 Orodromeus p.65
包頭龍 Euoplocephalus p.66
刺盾角龍 Styracosaurus p.66
釘狀龍 Kentrosaurus p.67
北票龍 Beipiaosaurus p.68
鉤鼻龍 Gryposaurus p.71
多智龍 Tarchia p.73
繪龍 Pinacosaurus p.79
潮汐巨龍 Paralititan p.80
亞伯達角龍
　　Albertaceratops p.81
準角龍 Anchiceratops p.88
野牛龍 Einiosaurus p.88
太古角龍
　　Yehuecauhceratops p.88
厚鼻龍 Pachyrhinosaurus p.89
五角龍 Pentaceratops p.89
中國角龍 Sinoceratops p.89
費爾干納頭龍

Ferganocephale p.90
吉爾摩龍 Gilmoreosaurus p.90
短角龍 Brachyceratops p.91
泰坦角龍 Titanoceratops p.94
圓頭龍 Sphaerotholus p.94
烏拉嘎龍 Wulagasaurus p.95
泰坦巨龍 Titanosaurus p.96
馬門溪龍 Mamenchisaurus p.96
南極龍 Antarctosaurus p.96
阿根廷龍 Argentinosaurus p.97
超龍 Supersaurus p.97
巨酋龍 Futalognkosaurus p.97
河神龍 Achelousaurus p.98
恩奎巴龍 Nqwebasaurus p.99
慈母龍 Maiasaura p.100
河源龍 heyuannia p.102
泥潭龍 Limusaurus p.102
鐵路角龍 Ferrisaurus p.102
鸚鵡嘴龍 Psittacosaurus p.103
鷹角龍 Aquilops p.103
智利龍 Chilesaurus p.103
愛氏角龍 Avaceratops p.104
阿納拜斯龍 Anabisetia p.106
短冠龍
　　Brachylophosaurus p.110
古鴨龍
　　Huehuecanauhtlus p.112
獨角龍 Monoclonius p.112
黑龍江龍 Sahaliyania p.113
腱龍 Tenontosaurus p.117
匈牙利龍 Hungarosaurus p.118
蘭州龍 Lanzhousaurus p.119
橋灣龍 Qiaowanlong p.122
甲龍 Ankylosaurus p.122
叉龍 Dicraeosaurus p.123
漂泊甲龍 Aletopelta p.125
圖蘭角龍 Turanoceratops p.126
懶爪龍 Nothronychus p.127
始無冠龍 Acristavus p.127
平頭龍 Homalocephale p.128
特提斯鴨龍 Tethyshadros p.129
庫林達奔龍

Kulindadromeus p.130
卡戎龍 Charonosaurus p.134
法布爾龍 Fabrosaurus p.134
氣龍 Gasosaurus p.135
似象鳥龍 Aepyornithomimus p.136
開角龍 Chasmosaurus p.136
牛角龍 Torosaurus p.136
德拉帕倫特龍 Delapparentia p.137
稜齒龍 Hypsilophodon p.138
侏儒龍 Nanosaurus p.138
快達龍 Qantassaurus p.138
加斯帕里尼龍 Gasparinisaura p.139
橡樹龍 Dryosaurus p.139
帕克氏龍 Parksosaurus p.139
高頂龍 Acrotholus p.141
無畏龍 Dreadnoughtus p.143
山嶽龍 Adratiklit p.144
似花君龍 Paranthodon p.144
華陽龍 Huayangosaurus p.144
西龍 Hesperosaurus p.145
巨刺龍 Gigantspinosaurus p.145
銳龍 Dacentrurus p.145
扇冠大天鵝龍 Olorotitan p.146
厚頭龍 Pachycephalosaurus p.148
棘面龍 Spinops p.150
特立尼龍 Trinisaura p.151
戈壁龍 Gobisaurus p.151
拉金塔龍 Laquintasaura p.155
小頭龍 Talenkauen p.156
飾頭龍 Goyocephale p.158
巴思缽氏龍 Barsboldia p.160
結頭龍 Colepiocephale p.162
漢蘇斯龍 Hanssuesia p.162
劍角龍 Stegoceras p.162
德克薩斯頭龍 Texacephale p.163
冥河龍 Stygimoloch p.163
傾頭龍 Prenocephale p.163

南極甲龍 Antarctopelta p.165
大鼻角龍 Nasutoceratops p.166
何信祿龍 Hexinlusaurus p.167
迪亞曼蒂納龍 Diamantinasaurus p.167
南陽龍 Nanyangosaurus p.169
皮薩諾龍 Pisanosaurus p.170
棘甲龍 Acanthopolis p.171
無鼻角龍 Arrhinoceratops p.176
卡洛夫龍 Callovosaurus p.178
巨禽龍 Iguanacolossus p.178
阿特拉斯科普柯龍 Atlascopcosaurus p.178
曼特爾龍 Mantellisaurus p.179
柵齒龍 Mochlodon p.179
彎龍 Camptosaurus p.179
敏迷龍 Minmi p.181
薩爾塔龍 Saltasaurus p.184
高橋龍 Hypselosaurus p.184
阿拉摩龍 Alamosaurus p.184
新疆巨龍 Xinjiangtitan p.185
馬拉威龍 Malawisaurus p.185
銀龍 Argyrosaurus p.185
三角龍 Triceratops p.186
波塞頓龍 Sauroposeidon p.187
高刺龍 Hypselospinus p.188
結節頭龍 Nodocephalosaurus p.189
黎明角龍 Auroraceratops p.189
福斯特龍 Fostoria p.191
敘五龍 Xuwulong p.192
阿古哈角龍 Acujaceratops p.192
釘頭龍 Akainacephalus p.193
白峰龍 Albalophosaurus p.196
掘奔龍 Oryctodromeus p.198
峨嵋龍 Omeisaurus p.200
結節龍 Nodosaurus p.201
船首龍 Proa p.201
奧伊考角龍 Ajkaceratops p.202
耐梅蓋特龍 Nemegtosaurus p.204
亞冠龍 Hypacrosaurus p.204

瑞拖斯龍 Rhoetosaurus p.205
華麗角龍 Kosmoceratops p.205
汝陽龍 Ruyangosaurus p.207

雜食性恐龍

始盜龍 Eoraptor p.13
賴索托龍 Lesothosaurus p.19
巨盜龍 Gigantoraptor p.25
神州龍 Shenzhousaurus p.26
似鳥身女妖龍 Harpymimus p.26
似鳥龍 Ornithomimus p.26
似鵝龍 Anserimimus p.27
似雞龍 Gallimimus p.27
似鴕龍 Struthiomimus p.27
恐手龍 Deinocheirus p.32
艾沃克龍 Alwalkeria p.38
天青石龍 Nomingia p.38
安祖龍 Anzu p.42
門齒龍 Incisivosaurus p.46
天宇龍 Tianyulong p.47
尾羽龍 Caudipteryx p.73
葬火龍 Citipati p.81
妖精翼龍 Tupuxuara p.82
偷蛋龍 Oviraptor p.86
纖手龍 Chirostenotes p.87
似鴯鶓龍 Dromiceiomimus p.104
冠盜龍 Corythoraptor p.110
哈格里芬龍 Hagryphus p.114
仁欽龍 Rinchenia p.118
通天龍 Tongtianlong p.122
醒龍 Abrictosaurus p.126
曉龍 Xiaosaurus p.127
始祖鳥 Archaeopteryx p.132
韋氏鳥 Wellnhoferia p.132
手齒龍 Manidens p.147
熱河龍 Jeholosaurus p.147
迷惑盜龍 Apatoraptor p.150
前似鴕龍 Rativates p.159
鏽鐮龍 Falcarius p.160

江西龍 Jiangxisaurus p.168
棒爪龍 Scipionyx p.168
擬鳥龍 Avimimus p.180
小獵龍 Microvenator p.181
阿什當手盜龍
　　Ashdown maniraptoran p.188
寐龍 Mei Long p.196
狼嘴龍 Lycorhinus p.203
果齒龍 Fruitadens p.203

魚食性恐龍

奧沙拉龍 Oxalaia p.74
惡龍 Masiakasaurus p.74
暹羅龍 Siamosaurus p.74
似鱷龍 Suchomimus p.75
東非龍 Ostafrikasaurus p.75
哈茲卡盜龍 Halszkaraptor p.75
棘龍 Spinosaurus p.78
德國翼龍
　　Germanodactylus p.82
喙嘴翼龍
　　Rhamphorhynchus p.82
無齒翼龍 Pteranodon p.83
古魔翼龍 Anhanguera p.83
克柔龍 Kronosaurus p.120
上龍 Pliosaurus p.120
蛇頸龍 Plesiosaurus p.120
滄龍 Mosasaurus p.121
切齒魚龍
　　Temnodontosaurus p.121
薄版龍 Elasmosaurus p.121
曉廷龍 Xiaotingia p.133
黃昏鳥 Hesperornis p.152
魚鳥 Ichthyornis p.152
燕鳥 Yanornis p.153
甘肅鳥 Gansus p.153
魚龍 Ichthyosaurus p.183

蟲食性恐龍

臨河爪龍 Linhenykus p.40
大黑天神龍 Mahakala p.40
亞伯達爪龍 Albertonykus p.40
單爪龍 Mononykus p.41
阿瓦拉慈龍 Alvarezsaurus p.41
侏羅獵龍 Juravenator p.41
伊比利亞鳥
　　Iberomesornis p.152
克拉圖鳥 Cratoavis p.153
鳥面龍 Shuvuuia p.154
西峽爪龍 Xixianykus p.158
波氏爪龍
　　Bonapartenykus p.180
奇翼龍 Yi qi p.203

索引——以注音排序分類

ㄅ

板龍 p.22
班比盜龍 p.35
北方盾龍 p.36
斑龍 p.55
拜倫龍 p.59
巴塔哥巨龍 p.64
包頭龍 p.66
北票龍 p.68
霸王龍 p.111
薄版龍 p.121
巴哈利亞龍 p.123
巴思缽氏龍 p.160
棒爪龍 p.168
白熊龍 p.173
白魔龍 p.175
冰冠龍 p.177
波氏爪龍 p.180
波塞頓龍 p.187
白峰龍 p196
巴塔哥尼亞爪龍 p.197

ㄆ

漂泊甲龍 p.125
平頭龍 p.128
帕克氏龍 p.139
皮薩諾龍 p.170

ㄇ

美扭椎龍 p.15
迷惑龍 p.16
美頜龍 p.18
木他龍 p.24
米拉加亞龍 p.31
門齒龍 p.46
蠻龍 p.58
梅杜莎角龍 p.64
馬普龍 p.86
馬門溪龍 p.96
迷惑盜龍 p.150
冥河龍 p.163
曼特爾龍 p.179
敏迷龍 p.181
馬拉威龍 p.185
寐龍 p.196
瑪君龍 p.206

ㄈ

副櫛龍 p.48
分離龍 p.49
菲利獵龍 p.62
風神翼龍 p.85
費爾干納頭龍 p.90
福井盜龍 p.107
法布爾龍 p.134
非洲獵龍 p.142
福斯特獵龍 p.146
分支龍 p.172
福斯特龍 p.191

ㄉ

大黑天神龍 p.40
單爪龍 p.41
單冠龍 p.54
獨身龍 p.61
釘狀龍 p.67
頂棘龍 p.70
多智龍 p.73
東非龍 p.75
德國翼龍 p.82
短角龍 p.91
短冠龍 p.110
獨角龍 p.112
德拉帕倫特龍 p.137
大龍 p.143
德克薩斯頭龍 p.163
大鼻角龍 p.166
迪亞曼蒂納龍 p.167
釘頭龍 p.193

ㄊ

跳龍 p.19
天青石龍 p.38
天宇龍 p.47
塔羅斯龍 p.67
偷蛋龍 p.86
太古角龍 p.88
泰坦角龍 p.94
泰坦巨龍 p.96
鐵路角龍 p.102
通天龍 p.122
圖蘭角龍 p.126
特提斯鴨龍 p.129
天宇盜龍 p.131
特立尼龍 p.151
特暴龍 p.173

ㄋ

尼日龍 p.15
尼亞薩龍 p.30
南康龍 p.62
虐龍 p.77

南極龍 p.96
泥潭龍 p.102
南方盜龍 p.119
牛角龍 p.136
鳥面龍 p.154
南極甲龍 p.165
南陽龍 p.169
擬鳥龍 p.180
南方巨獸龍 p.195
耐梅蓋特龍 p.204

ㄌ

賴索托龍 p.19
林木龍 p.23
臨河爪龍 p.40
雷利諾龍 p.43
拉佩托龍 p.47
賴氏龍 p.49
拉哈斯獵龍 p.50
梁龍 p.55
伶盜龍 p.81
蘭州龍 p.119
懶爪龍 p.127
稜齒龍 p.138
欒川盜龍 p.154
拉金塔龍 p.155
黎明角龍 p.189
狼嘴龍 p.203

ㄍ

高棘龍 p.33
冠椎龍 p.51
鉤鼻龍 p.71
冠龍 p.72
古魔翼龍 p.83
戈壁獵龍 p.107
冠盜龍 p.110
古鴨龍 p.112
高頂龍 p.141

戈壁龍 p.151
甘肅鳥 p.153
怪獵龍 p.172
高橋龍 p.184
高刺龍 p.188
果齒龍 p.203

ㄎ

恐手龍 p.32
昆卡獵龍 p.34
盔龍 p.49
恐爪龍 p.116
克柔龍 p.120
庫林達奔龍 p.130
卡戎龍 p.134
開角龍 p.136
康塔斯龍 p.138
克拉圖鳥 p.153
卡洛夫龍 p.178

ㄏ

豪勇龍 p.30
哈茲卡盜龍 p.75
繪龍 p.79
喙嘴翼龍 p.82
厚鼻龍 p.89
河神龍 p.98
河源龍 p.102
黑龍江龍 p.113
哈格里芬龍 p.114
華陽龍 p.144
厚頭龍 p.148
黃昏鳥 p.152
漢蘇斯龍 p.162
何信祿龍 p.167
華夏頜龍 p.176
華麗角龍 p.205

ㄐ

巨腳龍 p.16
角鼻龍 p.17

劍龍 p.20
巨盜龍 p.25
極鱷龍 p.39
櫛龍 p.48
畸齒龍 p.54
尖角龍 p.56
角爪龍 p.58
棘龍 p.78
吉爾摩龍 p.90
巨酋龍 p.97
簡手龍 p.106
腱龍 p.117
甲龍 p.122
近鳥龍 p.131
加斯帕里尼龍 p.139
激龍 p.143
巨刺龍 p.145
棘面龍 p.151
結頭龍 p.162
劍角龍 p.162
江西龍 p.168
棘甲龍 p.171
懼龍 p.172
巨禽龍 p.178
結節頭龍 p.189
鷲盜龍 p.193
掘奔龍 p.198
結節龍 p.201

ㄑ

禽龍 p.25
氣肩盜龍 p.31
青島龍 p.48
奇異坐骨龍 p.63
竊螺龍 p.91
欽迪龍 p.106
切齒魚龍 p.121
橋灣龍 p.122
氣龍 p.135
前似駝龍 p.159
傾頭龍 p.163
輕龍 p.195

217

腔骨龍 p.197
奇翼龍 p.203

ㄒ

小盜龍 p.18
小馳龍 p.70
暹羅龍 p.74
纖手龍 p.87
西爪龍 p.91
蜥鳥龍 p.99
蜥狀龍 p.105
蜥鳥盜龍 p.113
匈牙利龍 p.118
醒龍 p.126
曉龍 p.127
曉廷龍 p.131
血王龍 p.135
橡樹龍 p.139
西龍 p.145
小頭龍 p.157
西峽爪龍 p.158
西雅茨龍 p.161
邪靈龍 p.176
小獵龍 p.181
新疆巨龍 p.185
敘五龍 p.192
暹羅盜龍 p.194

ㄓ

中國鳥腳龍 p.23
中華麗羽龍 p.34
侏羅獵龍 p.41
沼澤鳥龍 p.58
諸城暴龍 p.80
中國獵龍 p.81
準噶爾翼龍 p.83
準角龍 p.88
中國角龍 p.89
中華龍鳥 p.93
智利龍 p.103
中國鳥龍 p.130
長羽盜龍 p.159

鑄鐮龍 p.160
柵齒龍 p.179
重爪龍 p.194
扎納巴扎爾龍 p.206

ㄔ

馳龍 p.52
崇高龍 p.63
潮汐巨龍 p.80
超龍 p.97
叉龍 p.123
船首龍 p.201

ㄕ

始盜龍 p.13
傷齒龍 p.14
蜀龍 p.16
神州龍 p.26
蛇髮女怪龍 p.35
神威龍 p.42
嗜鳥龍 p.51
閃電獸龍 p.59
食肉牛龍 p.65
山奔龍 p.65
鯊齒龍 p.66
擅攀鳥龍 p.87
雙腔龍 p.109
曙奔龍 p.114
上龍 p.120
蛇頸龍 p.120
始無冠龍 p.127
始祖鳥 p.132
山嶽龍 p.144
扇冠大天鵝龍 p.146
手齒龍 p.147
飾頭龍 p.158
雙子盜龍 p.169
鄯善暴龍 p.189
雙冠龍 p.194

ㄖ

仁欽龍 p.118
銳龍 p.145
熱河龍 p.147
瑞托斯龍 p.205
汝陽龍 p.207

ㄗ

足龍 p.43
葬火龍 p.79
足羽龍 p.99
祖母暴龍 p.173

ㄘ

刺盾角龍 p.66
慈母龍 p.100
滄龍 p.121
彩虹龍 p.130

ㄙ

死神龍 p.23
似鳥身女妖龍 p.26
似鳥龍 p.26
似鵝龍 p.27
似雞龍 p.27
似鴕龍 p.27
三角洲奔龍 p.34
速龍 p.57
似松鼠龍 p.71
似鱷龍 p.75
似鷸鴕龍 p.104
死掠龍 p.114
似象鳥龍 p.136
似花君龍 p.144
薩爾塔龍 p.184
三角龍 p.186
薩爾特里奧獵龍 p.186

ㄧ

異角龍 p.29
亞伯達奔龍 p.35
亞伯達爪龍 p.40
亞伯達角龍 p.81
妖精翼龍 p.82
野牛龍 p.88
鸚鵡嘴龍 p.103
鷹角龍 p.103
亞伯達龍 p.115
異特龍 p.115
伊比利亞鳥 p.152
燕鳥 p.153
銀龍 p.185
猶他盜龍 p.195
亞冠龍 p.204

ㄨ

韋瓦拉龍 p.14
皖南龍 p.19
腕龍 p.21
微腫頭龍 p.45
無聊龍 p.50
尾羽龍 p.73
無齒翼龍 p.83
五角龍 p.89
烏拉嘎龍 p.95
韋氏鳥 p.133
無畏龍 p.143
舞龍 p.170
無鼻角龍 p.176
彎龍 p.179

ㄩ

原角鼻龍 p.22
圓頂龍 p.55
原角龍 p.57
魚獵龍 p.67
羽王龍 p.69
圓頭龍 p.94
永川龍 p.115
魚鳥 p.152
魚龍 p.183

ㄚ

阿瓦拉慈龍 p.41
阿基里斯龍 p.95
阿根廷龍 p.97
阿納拜斯龍 p.106
阿帕拉契龍 p.155
阿特拉斯科普柯龍 p.178
阿拉摩龍 p.184
阿什當手盜龍 p.188
阿古哈角龍 p.192

ㄜ

厄兆龍 p.18
惡魔角龍 p.39
惡龍 p.74
鱷龍 p.128
峨嵋龍 p.200

ㄞ

艾沃克龍 p.38
埃德蒙頓龍 p.52
艾雷拉龍 p.54
愛氏角龍 p.104

ㄠ

澳洲龍 p.33
凹齒龍 p.56
奧沙拉龍 p.74
奧卡龍 p.202
奧伊考角龍 p.202

ㄢ

安祖龍 p.42

ㄣ

恩奎巴龍 p.99

219

台灣廣廈 國際出版集團
Taiwan Mansion International Group

國家圖書館出版品預行編目（CIP）資料

一日一恐龍 探索超圖鑑：366種特色恐龍大集合，走入驚奇有趣的跨時空探險！〔特徵精繪彩圖×中英名稱對照〕／米蘭達史密斯（Miranda Smith）作. -- 新北市：美藝學苑出版社，2024.10
　224面；　21×25.7公分　譯自：A dinosaur A day
　ISBN 978-986-6220-77-7（平裝）

1.CST：爬蟲類化石　2.CST：動物圖鑑

359.574025　　　　　　　　　　　　　　113010994

美藝學苑

一日一恐龍 探索超圖鑑
366種特色恐龍大集合，走入驚奇有趣的跨時空探險！〔特徵精繪彩圖 X 中英名稱對照〕

作　　　者／米蘭達・史密斯 Miranda Smith	編輯中心執行副總編／蔡沐晨・編輯／陳宜鈴
審　訂　者／曾文宣	封面設計／陳沛涓・**內頁排版**／菩薩蠻數位文化有限公司
譯　　　者／王豫	製版・印刷・裝訂／東豪・弼聖・秉成

行企研發中心總監／陳冠蒨　　　線上學習中心總監／陳冠蒨
媒體公關組／陳柔彣　　　　　　企製開發組／江季珊、張哲剛
綜合業務組／何欣穎

發　行　人／江媛珍
法律顧問／第一國際法律事務所 余淑杏律師・北辰著作權事務所 蕭雄淋律師
出　　　版／美藝學苑
發　　　行／台灣廣廈有聲圖書有限公司
　　　　　　地址：新北市235中和區中山路二段359巷7號2樓
　　　　　　電話：（886）2-2225-5777・傳真：（886）2-2225-8052

代理印務・全球總經銷／知遠文化事業有限公司
　　　　　　地址：新北市222深坑區北深路三段155巷25號5樓
　　　　　　電話：（886）2-2664-8800・傳真：（886）2-2664-8801
郵 政 劃 撥／劃撥帳號：18836722
　　　　　　劃撥戶名：知遠文化事業有限公司（※單次購書金額未達1000元，請另付70元郵資。）

■出版日期：2025年01月　　ISBN：978-986-6220-77-7
　　　　　　　　　　　　　　版權所有，未經同意不得重製、轉載、翻印。

First published in Great Britian 2022 by Red Shed, part of Farshore, an imprint of HarperCollins*Publishers*, 1 London Bridge St, London, SE1 9GF under the title: **A dinosaur A day**
Copyright © HarperCollins*Publishers* Ltd 2022 Written by Miranda Smith.
Inside illustrations by Jenny Wren, Xuan Le, Juan Calle, Max Rambldi and Olga Baumert.
Front cover illustration by Juan Calle.
Consultancy by Professor Mike Benton.
Inside design by Duck Egg Blue Limted
Translation © Taiwan Mansion Publishing Co., Ltd.
Translated under licence from HarperCollins*Publishers* Ltd
This edition arranged with HarperCollins*Publishers* Ltd
through BIG APPLE AGENCY, INC., LABUAN, MALAYSIA.
Traditional Chinese edition copyright:
2024 Taiwan Mansion Publishing Co., Ltd.
All rights reserved.

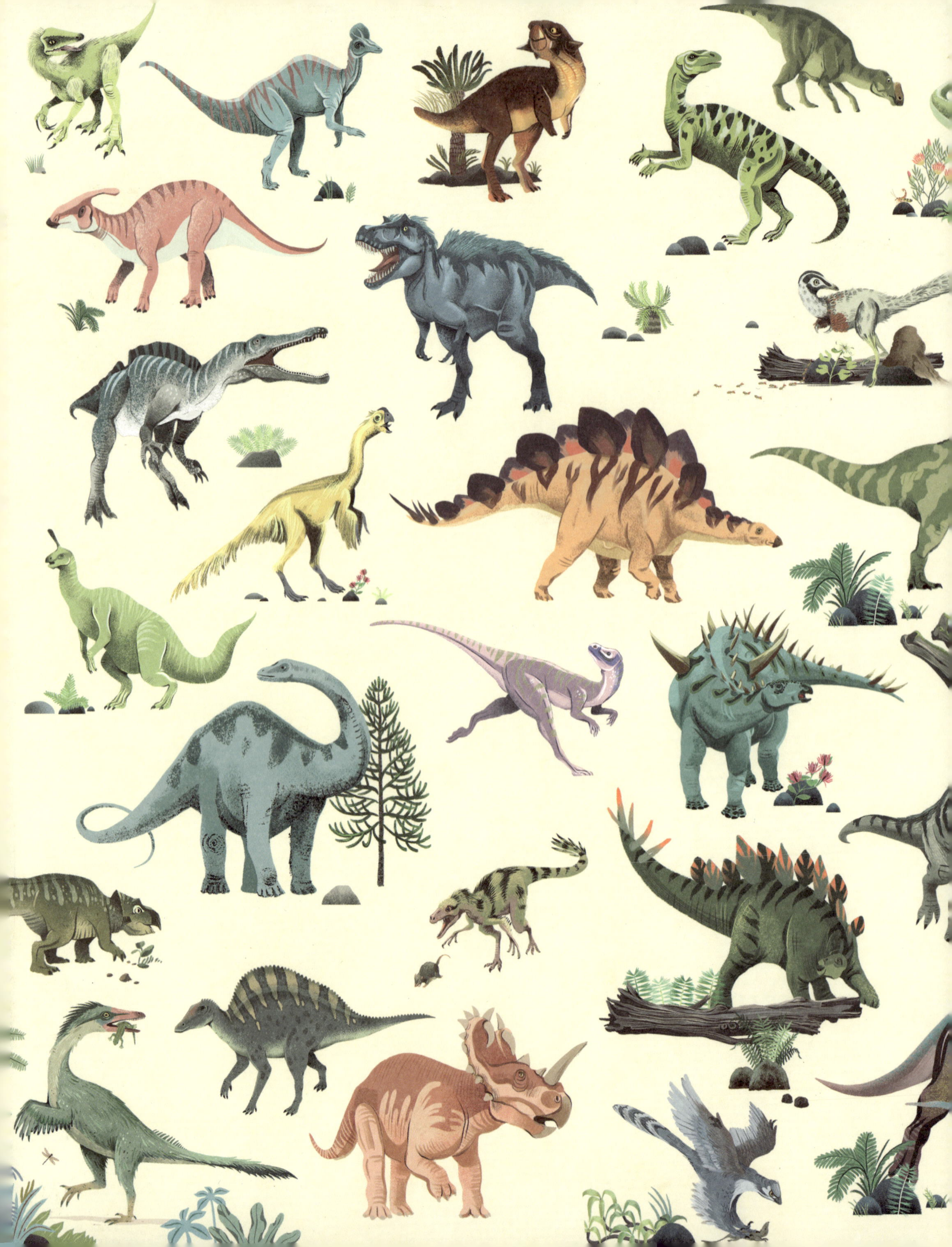